የብርሃን መንገድ

ኤሌክትሮመግነጢሰት ፥ ዕይታ እና የወጥ አንጻራዊነት ሥነ-መቸት

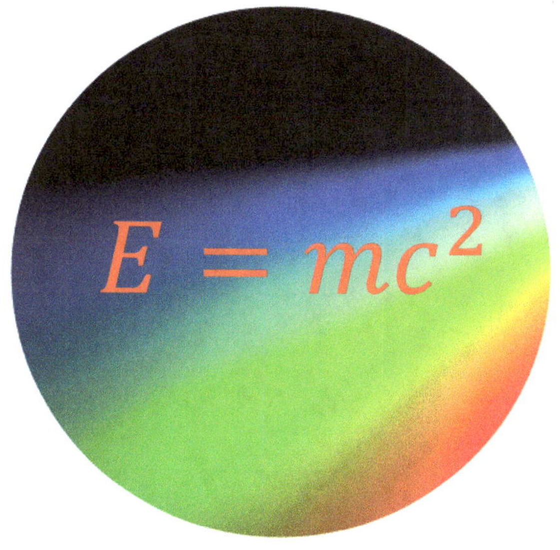

የወድዋን ድል በደምና በወጥንታቸው ጽፈው ላስረከበን ኢትዮጵያዊያን እና ኢትዮጵያዊያት ጀግኖች ማስታወሻ ይሁንልኝ።

አንተነህ ብሩ

ይዘት

መቅድም

ጸሐፊው

በወሎ ክፍለ ሀገር በምትገኝ ጠበል አፋፍ በምትባል አነስተኛ መንደር ውስጥ በ፲፱፻፸፫ ድልክ ተወለድሁ። አስኳላ ትምህርት ከመግባቴ በፊት ፊደልን በመጀመሪያ በቤት በኋላም በአካባቢው በሚገኝ መሪጌታ ዘንድ ተምሬያለሁ። የአንደኛ ደረጃ ትምህርቴን በቦረን አንደኛ ደረጃ ትምህርት ቤት አጠናቅቄያለሁ። ፯ኛ እና ፰ኛ ክፍልን በወረኢሉ አንደኛ እና መለስተኛ ሁለተኛ ደረጃ ትምህርት ቤት ፤ ፱ኛ እና ፲ኛ ክፍልን በወረኢሉ ከፍተኛ ደረጃ ትምህርት ቤት ተከታትያለሁ። የቀረውን በጎንደር ፋሲለደስ ትምህርት ቤት አጠናቅቄ የአሥራ ሁለተኛ ክፍልን የመልቀቂያ ፈታና በ፲፱፻፺ ተፈትኜ ከጅማ ዩኒቨርሲቲ የሲቪል ምህንድስና በ፲፱፻፺፪ ድልክ የመጀመሪያ ደረጃ ማዓርግ ተቀብያለሁ። በጅማ ዩኒቨርሲቲ የሲቪል ምህንድስና የትምህርት ክፍል ባስተማሪነት እና የዩኒቨርሲቲውን የምህንድስና ክፍል በማደራጀት ፤ የምክር አገልግሎት በመስጠት ፤ የዐቅድ ማውጣት ፤ የቦታና የሕንጻ ግመታ ሥራን ወዘተ እየሠራሁ ለሁለት ዓመታት ቆይቻለሁ። በ፳፻ ድልክ ባገኘሁት የዉጭ የትምህርት ዕድል በኔዘርላንድ ፤ ደልፍት ዩኒቨርሲቲ በመሬት ምህንድስና

(ጅኦቴክኒካል ምህንድስና) የሁለተኛ ደረጃ መዓርግ አጠናቅቄያለሁ። ላጭር ጊዜ በኔዘርላንድ ፕላክሲስ በሚባል የሶፍትዌር አበልጻጊ መሥሪያ ቤት ውስጥ ሠርቻለሁ። ከጀየፐ - ጀየጊድልክ በኖርወይ ፤ በኖርወያውያን የሳይንስ እና ቴክኖሎጂ ዩኒቨርሲቲ (ከፍተኛ መካነ ትምህርት) በመሬት ምህንድስና ለሦስተኛ ደረጃ መዓርግ የሚያበቃ የምርምር ሥራ ሠርቻለሁ። በአሁኑ ጊዜ በኖርወይ ፤ በአማካሪ መሃንዲስነት እየሠራሁ እገኛለሁ።

የመነሳሻ ሐሳብ

ይኸን እና ከዚህ በፊት የታተሙትን አጫጭር መጻሕፍት እንድጽፍ ያነሳሱኝ ብዙ ምክንያቶች ናቸው። ከነዚህም ውስጥ አንደኛው ምክንያት በአንድ ኮንፈረንስ ላይ ባቀረብኩት የምርምር ሥራ ምክንያት የኮንፈረሱ አዘጋጆች በሸልማት መልክ የዮክሊ.ድን መጽሐፍ አበረከቱልኝ። ዮክሊድ ከክርስቶስ ልደት በፊት ጥቂት ምኢት ዓመታት ቀደም ብሎ የነበረ ሰው ነበር። ሥራው በብዙ ቋንቋዎች እንደተተረጎም ተረዳሁ። መጽሐፉ ከተደረሰበት ዘመን አንጻር ፤ እኛስ እንዴት መጽሐፉ በግእዝ ተተርጉሞ አላገኘነውም የሚል ሐሳብ አደረብኝ[1] ምናልባት በአንዱ አውዳሚ ጦርነት ተቃጥሎ ሊሆን ይችል ይሆን ስለ አሰብኩ። አሁንም ቢሆን ቋንቋን ከማዳበር አንጻር ይዘቱ ተተርጉሞ ቢቀርብ መልካም ነው ብዬ አሰብኩ።

---

[1] ቀደምት (የዘመነ ግእዝ) ሊቃውንት ብዙ መጻሕፍትን ይጽፉ እና ይተረጉሙም ነበር ፤ ለዚህ ምስክር በሀገራችን እና ከሀገር ውጭ የሚገኙ ብዙ በግእዝ የተጻፉ መጻሕፍት ናቸው።

ሁለተኛ ኢትዮጵያውያን ሕፃናት በመቅረጸ ትዕይንት እየቀረቡ አንዳንድ የሥነፈለክ ዝርዝሮችን ሲወያዩ ዐየሁ። እኒህ ልጆች በዚህ ዕድሜያቸው ይህን ያህል ፍላጎት ካደረባቸው ፥ ለጊዜው መርጎግብር ማሟያ ከሚሆኑ ፥ በተለያዩ ግብአቶች ቢወጠሩ ለሀገራቸው በተለያየ የትምህርት ዘርፍ ብዙ ሊያበረክቱ ይችሉ ነበር ስለ አሰብኩ[2]።

በሦስተኛ ደረጃ የአማርኛ ቋንቋ የሀገራችንን ማኅበረሰባት የሚያስተሳስር ድር ነው። ይህ ቋንቋ በሚገባው እንዲያድግ በተለያዩ የትምሕርት ዘርፎች የተሰማሩ ምሁራን የየመስካቸውን ዕውቀት ቢተረጉሙ መልካም ነው ብዬ አሰብኩ። ለዚህም የዐቅሜን ለማበርከት ሐሳብ አደረብኝ።

ታሪክ ፥ ሥነ ቁስ ፥ ሒሳብ እና ፍልስፍና ባገኘሁት አጋጣሚ የማጠናቸው ዘርፎች ናቸው። ከ8 ዓመታት በፊት የአንጻራዊነትን ንድፈ ሐሳብ ለማጥናት እና በአማርኛ ለመጻፍ ወሰንኩ። የመጀመሪያ ደረጃ የወጥ አንጻራዊነት ንድፈ ሐሳብን ባጭር ጊዜ አጥንቸ ባማርኛ ጻፍኩት። ነገር ግን አንዳንድ ቃላትን ስተረጉማቸው ድንገተኛ ሆኑብኝ። ስለዚህ መሰረታዊ የሒሳብ አስተምህሮዎችንም ለመጨመር ወሰንኩ። ሂደቱም ከዚህ ቀድመው የታተመሙትን

- ሥነቁጥር ወ ሥነሥፍራ ዘዮክሊድ

<hr>

[2] ለወላጆች ፥ ልጆቻችሁ በተለያዩ የትምሕርት ዘርፎች ገበዝ እንደሆኑ ስታዩ ፥ እያበረታታችሁ አንድ ደረጃ ከፍ ያለ ፈቲን አቅርቡላቸው እንጅ ለከንቱ ውዳሴ አደባባይ አታውጧቸው። የሚናፍሩትን ነገር በዐይነ ኅሊናቸው በውል እንዲመለከቱ ጊዜ እና ብስለት ያስፈልጋቸዋል።

- የቅምሮች እና የቀስቶ ሥፍሮች ሥነ-ስሌት

- ኔውተናዊ ሥነእንቅስቃሴ

- የፕላኔቶች ጉዞ እና የኔውተን የስበት ንድፈ ሐሳብ

በዚች መጽሐፍ የቀረበውን

- የብርሃን መንገድ

አስገኛ።

የአማርኛ ቋንቋ

ኢትዮጵያ በብዙ ቋንቋዎች የታደለች ሀገር ናት። አብዛኞቹ የንግግር ቋንቋዎች ናቸው። በጣም ጥቂቶች የጽሐፍ ዘርፍም አላቸው። ከነዚህ አንዱ እና ብዙ ተናጋሪ ያለው አማርኛ ነው።

የአማርኛ ቋንቋን አነሳስ እና እድገት በተመለከተ ሦስት መላምቶች ይገኛሉ። አንደኛ ፤ የአማርኛ ቋንቋ ከግእዝ ጋር በትይዩነት የነበረ ፤ በዘመነ አኩስም ይነገር የነበረ ቋንቋ ነው ይላሉ። ለዚህም እንደ ማስረጃነት አንዳንድ የአኩስም ነገሥታት ስያሜን ያቀርባሉ[3]።

አንዳንድ ጸሐፍት ደግሞ «የአማርኛ ቋንቋ የተለያየ ቋንቋ ተናጋሪ ከነበሩ ማኅበረሰባት የተወጣጡ ወታደሮች ተዳቅሎ

---

[3] ለምሳሌ ጉም (708–732) ፤ አስጎምጉም (732–737) ፤ ለትም (732–737) ፤ ውድም አስፈሬ (802–832)

የተበለጸገ ቋንቋ ነው» ይሉናል። ይኸ ታሪካዊ ክስተት መቸ እንደሆነ ለነገሩም ማስረጃ ስለመኖሩ ርግጠኛ አይደለሁም።

በሌሎች ደግሞ አማርኛ የንጉሣውያን ቋንቋ እንደነበርና አፈ ንጉሡ ይባልም እንደነበር ይነገራል።

ቋንቋው በሀገሪቱ ከሚገኙ የተለያዩ ቋንቋዎች ቃላትን በመጠቀም እንደበለጸገ መረዳት ይቻላል። በቋንቋው የሚገኙ ብዙ ቃላት ፣ በተለያዩ የሀገራችን ሌሎች ቋንቋዎችም ይገኛሉ። በዘመነ አኩስም እና ዛጔ (ዘአገዊ) የመንግሥት እና የሥነ-ጽሑፍ ቋንቋ የነበረው ግእዝ ነበር። አማርኛ በንግግር ቋንቋነት ብቻ ለዘመናት ቆይቶ ፣ ከ፲፮ኛው መቶ ክፍለ ዘመን ጀምሮ የግእዝ ፊደላትን በመዋስና በግእዝ ቋንቋ የሌሉ የአማርኛ ድምጾችን የሚወክሉ ፊደላትን በመቅረጽ የጽሑፍ ቋንቋ መሆን ጀምራል[4]። ለምሣሌ ለዐጲ አምደ ጽዮን በአማርኛ የተጻፉ ግጥሞች ነበሩ[5]።

በተለይም ከዐጲ ቴዎድሮስ ፪ኛ ዘመነ መንግሥት ጀምሮ በግእዝ ይጻፉ የነበሩ ዜና መዋዕሎች እና የቤተ ክህነት ትምህርቶች በአማርኛ መጻፍ በመጀመሩ የአማርኛ ቋንቋን ሥነ-ጽሑፋዊ ዘርፍ በማስፋፋት ላይ አስተዋጽኦ አድርገዋል። የአጲ ቴዎድሮስ ዜና መዋዕል ፣ መጽሐፈ ጨዋታ ፣ ጌወግራፊያ[6] ከነዚህ ጥቂቶቹ ናቸው። ከዚያ በኋላ

---

[4] ጥናት ያስፈልገዋል።
[5] https//am.wikipedia.org/wiki/የወታደሮች_መዝሙር
[6] የቴዎድርስን ዜና መዋዕል የጻፈው አለቃ ዘነብ ፣ መጽሐፈ ጨዋታ ሥጋዊ ወመንፈሳዊ የተሰኘ ፍልስፍና እና ሃይማኖትን ባንድ ላይ የያዘ መጽሐፍን ባማርኛ ጽፏል። በዚሁ ወቅት ጌወግራፊያ (ሥፍረ ምድር)

በርካታ መጽሐፍት ባማርኛ ታትመዋል። ከነዚህ ብዙዎን እጅ የሚይዙት የልብ-ወለድ መጻሕፍት ናቸው። የሃይማኖት መጻሕፍት እና የፖለቲካና አስተዳደር መጻሕፍትም እንደዚሁ በመለስተኛ መጠን አሉ። በአማርኛ ቋንቋ የተጻፉ የሳይንስ እና የሥነዘዴ (ቴክኖሎጂ) መጻሕፍት ግን እጅግ ውሱን ናቸው። በተለይም ሒሳብ ነክ የሆኑት የሳይንስ ዘርፎች እዚህ ግባ የሚባል ቁጥር የላቸውም። እነዚህ ዘርፎች የሚፈልጓቸውን ቃላት በቋንቋው ለማስገባት በተለይም በመጀመሪያ የትምህርት ደረጃ ውሱን የሆነ ጥረት ቢደረግም ቅሉ ከመማሪያ መጻሕፍት ውስጥ ያለፈ ለሳይንሳዊ ግኝቶች እና ምህንድስናዊ ዕውቀቶች ተግባራዊ ግልጋሎት ማሳለጫነት ሲውሉ አይታይም። እስከአሁን ያለው በአማርኛ የመተርጎም እና የመመርመር ሥራ ውሱን ነው። ይኸም በመሆኑ ዘመናዊ የዕውቀት ዘርፎች በአማርኛም ሆነ በሌሎች የሀገራችን ቋንቋ ተተርጉመው አይገኙም። በተለይም የአማርኛ ቋንቋ ብዙ የሀገራችን ማኅበረሰቦችን የማስተሳሰሪያ ድልድይ እንደመሆኑ መጠን በዚህ ዘመን ሊያድግ የሚገባውን ያህል አላደገም ለማለት ያስደፍራል። ለዚህም አራት ዐበይት ምክንያቶችን መጥቀስ ይቻላል።

- የዘመናችን ሥነ-አስተዳደር ፤ ለቋንቋ ያለው ዕይታ የተዛባ በመሆኑ በአማርኛ ቋንቋ የዕድገት ሂደት ላይ አሉታዊ ተጽእኖ ማሳደሩ።

- በቋንቋው የምርምር ሥራን የማቅረብ ተነሳሽነት በምሁራኑ ዘንድ ደካማ መሆኑ፡፡
- የቋንቋውን ብልጽጋ የሚከታተሉ ተቋሞች አለመኖራቸው፡፡
- በዘመናችን የሳይንሳዊ ምርምር ውጤቶች የሚቀርቡት በአብዛኛው በእንግሊዝኛ በመሆኑ ፣ የእንግሊዝኛ ቋንቋ እንደ ብቸኛ የሳይንስ ቋንቋ ተደርጎ በመወሰዱ[7]፡፡

አማርኛ ቋንቋን የዘመኑን የሰው ልጅ የዕውቀት ዘርፎች ለመግለጽ የሚያስችል እንዲሆን የምርምር ሥራዎች በቋንቋው መቅረብ ይኖርባቸዋል፡፡ ለዚህም ተስማሚ የሆኑ ቃላትን ለማበልጸግ የተለያዩ ዘዴዎችን ልንጠቀም እንችላለን፡፡ ለምሳሌ ፣ በቋንቋው የማይገኙ ቃላትን ከሌላ ቋንቋ ቀጥታ በመዋስ ፣ ቃላቱን በገጠር የልሳን አወጣጥ በመለወጥ ፣ በተቀራራቢ ቃላት በመተካት ፣ የተለያዩ ስልቶችን መጠቀም አዲስ ቃል በመፍጠር (የተሻለ ነው ተብሎ ከታሰበ፡፡) ሀገራችንም የብዙ ቋንቋዎች ባለቤት

---

[7]   ይኸ አስተሳሰብ በተለይ የእንግሊዝኛ ተናጋሪ ያልሆነ እና ከቋንቋው ባህል ጋር ቅርበት የሌለውን ማኅበረሰብ የሥነዘዴዎች ተጠቃሚ እንዳይሆን ፣ የዕውቀቱ ባለቤት እንዳይሆን የሚያደርግ ነው፡፡ በተቀባዩ ዘንድ ያለው ዕውቀት ጥራዝ ነጠቅ ፣ ሸርፍራፊ እና ግልብ እንዲሆን አስተዋጽኦ ያደርጋል፡፡ ዕውቀቱንም ማኅበረሰቡን በሚጠቅም ሁኔታ እንዳያበለጽገው የሚያደርግ ነው፡፡ የሚተላለፈውን ዕውቀት ባገባቡ የሚረዱ ተረድተውም ለማኅበረሰቡ ፋይዳ ባለው መልኩ የሚያቀርቡ ምሁራንን ለማፍራትም ያስቸግራል ፡፡ ቋንቋ የሰው ልጅ የባሕርይ ችሎታ ቢሆንም ቅሉ የቋንቋ ብልፅጋው ግን ባካባቢው ባህልና ሥነ-ልቦና እየታሽ ነው፡፡ አንድ ሌላ ቋንቋ የማኅበረሰቡ ባህልና ሥነ-ልቦና በብልፅጋው ያልተጋራው ከሆነ በቋንቋውን ፍፁማ መጣባበትን ለማድረግ አስቸጋሪ ይሆናል፡፡

በመሆኑ ፣ በአንዱ ቋንቋ ያልተገኘው በሌላ ቋንቋ ሊገኝ ይችላል።

"ለምን ያንኑ የእንግሊዝኛውን ቃል አንጠቀምም? ይህን ማድረግ ጥቅም የለሽ ሥራ ነው ፣ ጊዜ ማባከን ነው" የሚሉ ይኖራሉ። ከላይ ሲታይ ይመስላል። በእውነትም አንድን ቃል ባልተለመደበት መስክ መጠቀም ግር የሚያሰኝ ሊሆን ይችላል። ቃሉን ለመልመድ የሚያስፈልገው የልምምድ ጊዜም እንደዚሁ ብዙ ሊሆን ይችላል። ቆም ብለን ስናስበው ግን ብዙ አወንታዊ ጎን እንዳለው ለመረዳት አያዳግትም። ለመጥቀስ ያህል።

- ሰው በሚገባ በሰለጠነበት ቋንቋ ሲማር ፣ ሲነገር ፣ ሲታደም ፣ የሚተላለፈውን መልዕክት በውል ለመረዳት ፣ ዕውቀቱን ለማገንዘብ የሚያደርገውን ጥረት ሂደት በእጅጉ የሚያግዝ ሆኖ እናገኘዋለን። ዋናው ቁም ነገር አንድ ነገር **ሀ** ወይም **ለ** ተብሎ መሰየሙ ሳይሆን ፣ ስያሜውን ስንሰማ በአእምሯችን ውስጥ የሚተላለፈው መልዕክት እና የሒሳብ ሥዕል ነው። አንድ ነገር ወይም ሁነት ቃል ስንወክልለት ፣ የተወከለው ቃል ጋር የተያያዘው ምስል ምን እንደሆነ በምሳሌ ልናስረዳ እንችላለን። ምሳሌውን ወይም ገለጻውን ደግሞ ተደራሹ አብልጦ በሚረዳው ቋንቋ ከማድረግ በላይ የተሻለ መንገድ ያለ አይመስለኝም።

- የአማርኛ ቋንቋን አቅም ከማሳሳፋት አንጻር የሚፈጥረው ተጽእኖ አሌ የማይባል ነው[8]::

- ለትምሕርት አሰጣጡ አጋዥ ይሆናል:: ተማሪው የቀሰመውን ትምህርት ማኅበራዊ ችግሮችን ለመፍታት እንዲያውለው በሚያስችለው መንገድ እንዲሆን ሊያግዝ ይችላል::

- በአማርኛ ቋንቋ የሚጻፉ የሳይንስ እና የሥነዘዴ መጻሕፍት ፤ የየዘርፎቹን ርባና ለማንጠር ጠቃሚ የሆኑትን ለመጠቀም እና ተግባራዊ ብልጸጋቸውን ለማሳለጥ አጋዥ ሊሆኑ ይችላሉ:: ብሎም ምሁሩ ከተርታው ሰው የሚግባባበት እና የተማረውን ወደ ሥራ የሚቀይርበት ፤ መረዳቱን ከሕሳብ ከበብ ወደ ገሀዱ ዓለም የሚያሽጋግርበት የቋንቋ ድልድይ በበቂ እንዲዳብር አጋዥ ሊሆኑ ይችላሉ::

---

[8] አንድን ዕውቀት በእንግሊዝኛ የቀሰመ ምሁር ፤ ከሁነቱ ወይም ነገሩ ጋር ያያዘው ቃል በመኖሩ ፤ ለዚያ ቃል አዲስ ወይም ሌላ ነገርን ለመጠቀም አይዋጥለትም:: ነገሩ ከልምድ ጋር የተያያዘ ነው::
በአሁኑ ጊዜ እንግሊዝኛ ዋና የሳይንስ መግባቢያ ቋንቋ እየሆነ ስለመጣ ፤ በዚህ ቋንቋ የሚደረጉ ጥናቶችን ፤ የምርምር ውጤቶችን መመር ፤ ማሳተም የሚበረታታ ነው:: ነገር ግን አንድ ኢትዮጵያዊ ተመራማሪ የምርምሩን ውጤት ፤ ሕሳቡን ለሀገሩ ብዝኃ ተደራሲ በራሱ ቋንቋ ለመግለጽ መቻል ይገባዋል:: ያንን ለማድረግ የቋንቋው አቅም መዳበር አለበት:: ለቋንቋው መዳበር ደግሞ ትልቁን ግብአት የሚሰጠው አዳዲስ ግኝቶችን ለመግለጽ ሲወጠር ነው::

በዚህ መጽሐፍ

በዚህ መጽሐፍ የምንመለከተው በዋነኛነት የብርሃንን እንቅስቃሴ እና የውጥ አንጻራዊነት ንድፈ ሐሳብን ነው። በመጀመሪያ ምዕራፍ የመብርሃመግነጢሲት ንድፈ ሐሳቦች እና የማክስዌል ቀመሮች ቀርበዋል ፤ የብርሃንን የመርብርሃመግነጢሳዊ ሞገድ መሆንም እናያለን። በሁለተኛው ምዕራፍ የብርሃን ሥነበሲራዊ ጸባያት (ጽብርቀትን ፤ ስብረትን) ፤ የብርሃን ባሕርይ እና ዕይታ በአጭሩ ቀርበዋል። ምዕራፍ ሦስት የአንጻራዊነት መርነ እና የማክስዌል የመብርሃመግነጢስ ሞገድ ቀመሮች በጋሊሊየን መስተዛምድ ከአንድ ወጥ ዋቢ ሥራዓት ወደሌላ ዋቢ ሥርዓት ሲሸጋገሩ የአንጻራዊነትን መርነ እንደሚጥሉ እንዲሁም የብርሃን ሙግደት በኔውተናዊ ሥነእንቅስቃሴ የተለመደውን የቶሎታ ድመራ ሕግ እንደሚጥስ ያሳየውን የፌዛውን እና የብርሃን ፍጥነት በገዋ (በባዶ ህዋ ፤ አና) ውስጥ ከዋቢ ሥርዓት አንጻር የማይለዋወጥ መሆኑን ያሳየውን የማይክልስን እና የሞርሴይን የቤተሙከራ ሥራ ይዟል። ምዕራፍ አራት የአንስታይንን የውጥ አንጻራዊነት ሥነመቾት ንድፈ ሐሳብ ይዟል። በሁሉም ምዕራፎች ውስጥ የተወሰነ የከፍተኛ ርከን ሥነስሌት ዕውቀትን የሚጠይቁ የሒሳብ ሐረጋት እና ቀመሮች አሉ። በዘርፉ ሠፊ ልምድ የሌላቸው አንባቢዎች ጸሐፊው ያሳተመውን የቅምሮች እና ቀስቶ ሥፍሮች ሥነስሌት መጽሐፍ (አንተነህ ብሩ, 2024b) እና የኔውተናዊ ሥነእንቅስቃሴን (አንተነህ ብሩ, 2024c) በማንበብ እና በመረዳት እንዲጀምሩ ይበረታታሉ። ልምድ

ያለው አንባቢም ቢሆን ሥያሜዎችን ለመልመድ ከተጠቀሱት መጻሕፍት እንዲጀመር ይመከራል።

መልካም ንባብ።

ምዕራፍ ፩: መብርኄመግነጢሰት

በዚህ ምዕራፍ የመብርኄመግነጢሰትን[9] ንድፈ ሐሳብ ፣ የመብርኄመግነጢሰትን ሞገዳዊ ባሕርይ የሚገልጡትን የማክስዌልን የመብርኄመግነጢሰት ቀመሮችም በወፍ በረር እንመለከታለን።

መብርኄ (Electric)

መብርሄት (electricity) በዙሪያችን ሁሉ የሚገኝ የተፈጥሮ ይዘት ነው። ዘመናዊ ሥነ-ዘዴ በጥበብ ጥቅም ላይ ካዋላቸው የተፈጥሮ ኃይላት አንዱ ነው። ቁስ ሁሉ ከአተሞች የተዋቀረ ነው። የአተም ፅንሰ ሐሳብ መሠረት ጥንታዊ ነው። አሪስጣጣሊስ የአብደራውን (ትሬሱን) ዴሞክሪተስ ይጠቅሳል (አሪስጣጣሊስ, 384–322 ዓዓ ፣ ፲፱፻፷፬ ዓም የታተመ; Brumbaugh, 1964)። በዴሞክሪተስ እንደተቀናበረው ንድፈ ሐሳብ ፣ ቁስ ከማይታዩና ከማይከፋፈሉ ጠጣር ድቡልቡል አተሞች የተዋቀረ ነው ፣ ብዙ አተሞች አሉ ፣ ሜካኒካዊ ሕግ ብቻ የሚከተሉና ርስበርሳቸው በብዙ ዐይነት መንገድ የተሳሰሩ ናቸው። ተቀራራቢ ሐሳብ የሚያቀነቅኑ ሌሎችም ጥንታዊ ማኅበረሰቦች ነበሩ። አተማዊያን (atomists) ይባላሉ። አስተሳሰቡ ደግሞ አተማዊነት (atmoism) ይባላል። የዘመናዊ ሳይንስ ንድፈ ሐሳብ እንደሚከተለው ነው።

የአተማውያን አስተሳሰብ የተሟላ ተቀባይነት ባይኖረውም ፤ መሠረታዊ የሆኑ መስራች ቅንጣቶች እንዳሉ በዘመናዊ የሳይንስ ምርምር በውል ተረጋግጧል (Dalton, Wollaston, & Thomson, 1893)።

ለነዚህ ቅንጣቶች ፤ ዘመናዊ ሳይንስም አተም የሚለውን ስያሜ ጥቅም ላይ አውሏል። መጠናቸው እጅግ ትንሽ ነው። መጠነ ቁሳቸውንና ሥፍራዊ ልኬታቸውን በመለካት ረገድ አንስታይን በብራውናዊ እንቅስቃሴ ላይ ያደረገው ሒሳባዊ ሐተታ ከፍተኛ አስተዋጽኦ አድርጓል[10] (Einstein, 1905a)።

አተሞች ቀደምት እንዳተቱት የማይከፋፈሉ አይደሉም። ኤሌክትሮን[11] ፤ ፕሮቶን[12] እና ኒውትሮን[13] ከሚባሉ አተም መስራች ቅንጣቶች ፤ ትንተ አተም ቅንጣቶች (subatomic particles) የተዋቀሩ ናቸው። ኤሌክትሮኖች በመጠነ-ቁስ ከሌሎቹ አተም መስራች ቅንጣቶች እጅግ ያነሱ ናቸው። በአተሙ አስኳል (nucleus) ዙሪያ የሚንቀሳቀሱ ሲሆን ቀናስ ሙል (negative charge) አላቸው። የአተም አስኳል በአንጻራዊ መልኩ የአተም መጠነ-ቁስ ትልቁ እጅ የሚገኝባት ሲሆን ውቅርም ደማር ሙል (positive charge) ካላቸው ፕሮቶኖች እና ሙል አልባ (አልቦ ሙል) ከሆኑት ኒውትሮኖች ነው።

- ተመሳሳይ የመብርሂት ሙሎች ይገፋፋሉ ፤ ተቃራኒ ሙሎች ይሳሳባሉ።

---

[10] የነጠላ አተምን መጠን መወሰን አይቻልም።
[11] ብርሂት ፤ ቀናሲት
[12] ቀዳሚት ፤ ደማሪት
[13] ገለልቲት ፤ ዐልቢት

- የሚገፋፉበት ወይም የሚሳሳቡበት የመብርሄት ግደት እንደ ሙሎቹ መጠን ብዜት በቀጥታና በሙሎቹ መካከል እንዳለው የርቀት ካሬ ግልባጭ ነው::[14]

ኤሌክትሮን እና ፕሮቶን ተቃራኒ ሙል ስላላቸው ርስበርሳቸው ይሳሳባሉ:: በአንድ አተም አስኳል ውስጥ የሚገኙት ፕሮቶን እና ኔውትሮን ርስበርሳቸው በጣም ጠንክራ በሆነ የአስኳል አተም ግደት የተያያዙ ናቸው:: እያንዳንዱ በባሕርይ የተለየ አተም ንጥረ ነገር (element) ይባላል:: ዓለማችን የተዋቀረባቸው የ፲፰ ንጥረ ነገሮች ታውቀው ተመርምረዋል:: እያንዳንዱ ንጥረ ነገር ልዩ የሚያደርገው የአተም ቁጥር አለው:: የአተም ቁጥር በአተሙ ውስጥ ከሚገኙት የፕሮቶን ብዛት ጋር እኩል ነው:: በገለልተኛ አተም (neutral atom) የፕሮቶን እና የኤሌክትሮን ቁጥር እኩል ነው:: የአተም ቁጥርን መሠረት በማድረግ በሥርዓት የተደረደረ የ፲፰ን ንጥረ ነገሮች የያዘ የንጥረ ነገሮች ስንጠረዥ (periodic table) አለ:: የእያንዳንዱን ንጥረ ነገር በዝርዝር አንመለከትም:: በዚህ ዙሪያ የከመካ (ሥነ-ቅመማ) መጽሐፍትን መመልከት ይቻላል:: ኤሌክትሮኖች ከአንድ አተም ወደሌላ አተም እንዲንቀሳቀሱ ማድረግ ይቻላል:: ይህ የኤሌክትሮኖች

---

[14]በቻርለስ አውጉስቲን ደ ኮሎምብ ስም የኮሎምብ ሕግ በመባል ይታወቃል:: ቀደም ሲል የኒውተንን የስበት ንድፈ ሐሳብ በመከተል ፤ ሁለት ሙሎች የሚሳሳቡበት እና የሚገፋፉበት የግደት መጠን በመካከላቸው እንዳለው ርቀት ካሬ ግልባጭ እንደሆነ ሐተታ የነበረ ቢሆንም ፤ በሙከራ ያረጋገጠው ኮሎምብ ነበር::

እንቅስቃሴ *መብርሄታ*[15] (electricity) ይባላል፡፡ ስከን *መብርሄት* (static electricity) እና ንውጥ (ንጥ) *መብርሄት* (dynamic electricity) በመባል በሁለት ይከፈላል፡፡

ስከን *መብርሄት*: - በአንድ ቁስ ውስጥ በሚፈጠር የሙል አለመመጣጠን ምክንያት የሚሆን ነው፡፡ ኤሌክትሮኖች ከአንዱ ቦታ በመልቀቅ ወደ ሌላው የሚሄዱባቸው የተለያዩ ምክንያቶች አሉ፡፡ ለምሳሌ በግፊት ፤ በፍትጊያ ፤ በሙቀት፡፡ ጸጉራችንን ካበጠርን በኋላ ማበጠሪያውን በቀጭኑ በሚንቆረቆር ውኃ አጠገብ ስናደርገው የሚንቆረቆረው ውኃ እንደተነተተ ሁሉ ወደ ማበጠሪያው ለመሳብ ሲሞክር ይታያል፡፡ እንደዚሁም የተሞላ ማበጠሪያ ከአምፑል ጋር በማገናኘት የሚፈጠረውን ትንሽ የብርሃን ፍንጣቂ መመልከት ይቻላል፡፡ ይህ ሙከራ በጨለማ ውስጥ ቢሠራ ውጤቱን ለማየት ያመቻል፡፡ ሌላው የስከን *መብርሄት* ውጤት *መብረቅ* ነው[16]፡፡ ለስከን *መብርሄት* ጥናት እና ለመብረቅ መከላከያ (*መብርቅ ማሰሪያ*) ተግባራዊ ብልጸጋ አበርክቶው የሚጠቀሰው ቤንጃሚን ፍራንክሊን ነው (Philosophical Transactions, 1751-1752)፡፡

---

[15]ኤሌክትሪክ የሚለው ቃል መነሻ ፤ የግሪክ ቃል የሆነው ኤሌክትሮን ነው፡፡ ኤሌክትሮን ማለት ብሩህ ፤ ቢጫ እንደማለት ነው፡፡ Electricity የሚለውን ቃል *መብርሄ(ሆ)ት* ያልኩት ይኸን በማገናዘብ እና የነገሩን ሐሳባዊ ስዕል በውል ያስተላልፋል ከሚል እሳቤ ነው፡፡

[16] ጥንት በአውሮፓ ፤ በተለይም በሰሜኖቹ *ቻር* የሚባል አምላክ በሰማይ ላይ በአጋዘን የሚንተት ሠረገላው ላይ ሆኖ ጠላቶቹን እያባረረ ሲጮኸ የሚፈጠር እንደሆን ይታሰብ ነበር፡፡ በሀገራችን ባህል ምክንያቱ ምንድን ነው ተብሎ እንደማታሰብ አላውቅም፡፡ የግዜር ቁጣ ነው የሚሉ ስምቻለሁ፡፡

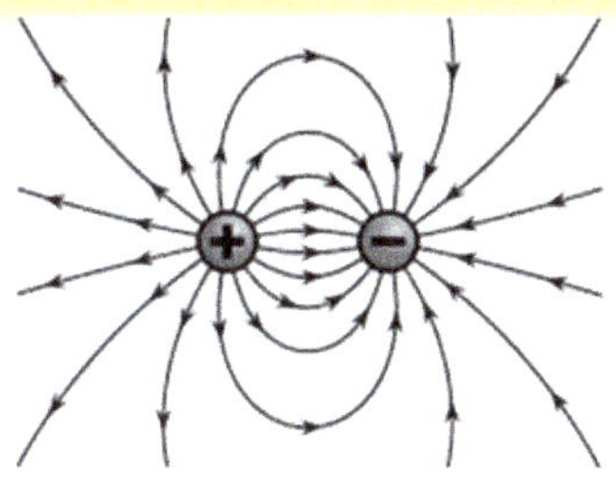

ሥዕላዊ መግለጫ 1፡ በሁለት ተቃራኒ (እናሽ እና በላጭ) መሉዎች መካከል ያለ የመብርሂት (መብረቅ ጎጺ.ን) መስክ ፡፡

<u>ንውጥ መብርሂት</u>፡- ከአንድ ሥፍራ ወደሌላው በመብርሂት አስተሳሳፊ ዕቃ ውስጥ በፈስሲትነት (ኮረንቲነት) የሚፈስ ነው፡፡ በዘመናችን በሥነ-ዘዴ በተለያየ መልኩ በመበልጸግ ለብዙ አገልግሎቶች እየዋለ ይገኛል፡፡ በዋነኛነት መግነቲስን በተጠቀለለ ሽቦ አቅራቢያ በማንቀሳቀስ ኮረንቲ ይፈጠራል፡፡ ይህ የመብርሂትና የመግነቲስት መሠረታዊ ውህደት ውጤት ነው፡፡ በዐለበት[17] (loop) ውስጥ የሚካሄድ የመብርሂት ፍሰት <u>ምህዋረ መብርሂት</u> (electric circuit) ይባላል፡፡ ዙሪያው ከተከፈተ የኮረንቲ ፍሰት ያቆማል፡፡ በዐለበቱ ላይ ፤ በሁለት ነጥቦች መካከል ያለው የዐምቅ አቅም ልዩነት በሙል አሃድ የዐምቅ አቅም ልዩነት ወይም ቮልቴነት (እንግ: Voltage ፤ ወካይ ፊደል: V) ይባላል፡፡ በጣሊያናዊው የፊዚካ ተመራማሪ አሌሳንድሮ ቮልታ ስም የተሰየመ ነው፡፡ ቮልታ ምናልባት የመጀመሪያውን ባትሪ የፈለሰፈ ሰው ሳይሆን አይቀርም ፤ ሥዕላዊ መግለጫ 2፡፡ ፈስሲት[18] (እንግ: current ፤ ተለዋጭ: I) ከአቅም ልዩነት

---

[17] ዐለበት :- ዐ-ለበት ሙሉ ዙር የሚዞር ለበት ለማለት ነው፡፡ መነሻው ቀለበት (ቀ-ለበት ወይም ዘ-ለበት) የሚሉት የፊደላትን ሥዕላዊነት በመጠቀም የተፈጠረ ቃል፡፡

[18] ኮረንቲ ፤ ሞጋዲት ፍልስ ብርሂት ነው፡፡

ጋር በቀጥታ እና ከዕቃው ተጋትር (እንግ: resistance ፣ ወካይ ፊደል: R) በግልባጭ ጋር አቻ ነው። ማለትም

$$I = \frac{V}{R}$$

ይህ የኦም ሕግ ይባላል። ጊዮርግ ሲሞን ኦም ይህን ሕግ ባወጣበት ጊዜ በመናፍቅነት ተወግዞበታል። የወቅቱ የጀርመን የትምህርት ሚንስቴር «ይኸን መናፍቅነት የሚያስተምር ሳይንስን ለማስተማር የተገባ አይደለም» በማለት ሥራውን አጣጥለውብታል (Hart, 1923)። ስለ አበርከቶው የዕቃ የመብርሃት ፍሰት ተጋትር መለኪያ ኦም ተብሎ ተሠይሟል።

ሥዕላዊ መግለጫ 2 ፡ የቮልታ ባትሪ ቶምፐ፦ ቮልትያኖ መዚያም ውስጥ የሚገኝ እና የዘዴቱ ንድፍ (ኤሌኢከትሮላይቱ ኪዮኝ አሲድ ወይም በውኃ ከተበጠበጠ ጨው የተሠራ ሊሆን ይችላል። አወቃቀሩ ቮልታዊ ሕዋስ ይባላል)

መግነጢሰት

ምናልባት በልጅነታችን ትንንሽ ብረቶችን በመሳብ የተጫወትንበትን ምትሐታዊ ብረት መሰል ነገር እናስታውሳለን። ከሬዲዮ የድምፅ ማጉያ ወይም ሌላ ዘመናዊ በኃይል መብርኂት የሚዘወር መሣሪያ የወለቀ ሊሆን ይችላል። መግነጢሶች በተፈጥሮም ይገኛሉ። በተፈጥሮ የሚገኙ መግነጢሶች መሪ ድንጋዮች በመባል ይታወቃሉ። ለቁሶች መግነጢሳዊ ባሕርይ መታወቅ ከፍተኛ አስተዋጽኦ አድርገዋል። መሪ ድንጋዮች የተባሉት በተለይ በመርከብ ጉዞ በአቅጣጫ ጠቋሚነት ይውሉ ስለነበር ነው። መሪ ድንጋዮች መግነጢሳዊ ባሕርያቸውን የሚያገኙበት መንገድ በውል የታወቀ አይደለም። እንደ አንድ መላምት ምናልባት ብረተመግነጢስ (ferromagnetic) ንጥረ ነገሮች ላይ የመብረቅ ኃይል ሲያርፍባቸው መግነጢሳዊ ባሕርይ እንደሚላበሱ ይገመታል። መግነጢስ ለዘመናችን ሥነ-ዘዴ ሰፊ አገልግሎት እየሰጠ ይገኛል። ከአቅጣጫ ጠቋሚነት በተጨማሪ ፤ በብዙ የመብርኂት መሣሪያዎች ለምሳሌ ቴሌቪዥን (የትዕይንት ሳጥን) ፤ መቀምር (ኮፒዉተር) ፤ መቅረጸ ትዕይንት ፤ የኃይል ማመንጫዎች ወዘተ። በእርግጥ ለዚህ ሁሉ ጥቅም የሚውሉ መግነጢሶች ቀጥታ በተፈጥሮ የሚገኙ አይደሉም። በሥነ-ዘዴ የተነጠሩ ናቸው። ብረተመግነጢስ ንጥረነገሮችን (ብረት ፤ ኒኬል ፤ ኮባልት) በማደባለቅና አንድ ላይ በትልቅ መጠነ-ሙቀት በማቅለጥ ፤ ተከትሎም በመብርኂት ኃይል በውስጣቸው ያለው መግነጢሳዊ መስክ በሥርዓት እንዲቃኝ በማድረግ ነው። በማንኛውም ንጥረ ነገር ውስጥ መግነጢሳዊ መስኮች

ቢኖሩም ቅሉ አብዛኛውን ጊዜ አቅጣጫቸው ሥርዓት ያልያዘና የተነጣጠሉ ናቸው። በብረተ መግነጢሶች ውስጥ ያሉ መግነጢሳዊ ይዘቶች በውጫዊ ጠንካራ መግነጢሳዊ መስክ ውስጥ ሲሆኑ በአቅጣጫ በመሰለፍ ጠንካራ መግነጢሳዊ መስክ ይሠራሉ። ምድርም ደካማ መግነጢሳዊ መስክ አላት። ከምድር ብዙ ሺ ኪሎሜትሮች ከፍታ ድረስ የተዘረጋ ነው። ምድርን ከአደገኛ ቅንጣቶች ፤ ከፀሐይ ነፋስና ከአደገኛ ጨረሮች ይከላከላል። የምድር ሰሜናዊ የመግነጢስ ዋልታ ፤ በሥፍራዊው የምድር የደቡብ ዋልታ ይገኛል ይኸን ሐቅ ለመጀመሪያ ጊዜ የገለጠው በመሪ ድንጋዮች ጸባይ ላይ መሉከራዎችን በማድረግ በመግ ነጢሳዊ ባሕርያት ላይ የነበሩትን አጉል እምነታዊ ሐሳቦች ለማጥራት አስተዋጽ ኦ ያደረገው ዊሊያም ጊልበርት ነው (Hart, 1923)። መሪ ድንጋዮች ለረኸረም ጊዜ ጥቅም ላይ የዋሉ ቢሆንም ፤ ከጊልበርት በፊት ስለምን ወደ ሰሜናዊ የምድር ዋልታ እንደሚያመለከቱ አይታወቅም ነበር።

የመብርሄመግነጢሰት ቀመሮች

መብርሄመግነጢሰት ሰፊ የንድፈ ሐሳብ ሥራዎች የተደረሱበት የፊዚካ የጥናት ዘርፍ ነው። ብዙ ብልሁ ግለሰቦች ለዘርፉ አስተዋጽኦ አድርገዋል። በዘርፉ የተደረሰባቸው ሒሳባዊ ንድፈ ሐሳቦችን ባጭሩ እንደሚከተለው እንመለከታለን።

የኮሎምብ ሕግ

በፈረንሳዊው የፊዚካ ተመራማሪ ቻርለስ አውገስቲን ደ ኮሎምብ የተደረሰው ይህ ሕግ እንደሚከተለው ነው (Falconer, 2004)። ሁለት ሙሎች በሁለት q_1 እና q_2 ይኑሩ። በመካከላቸው ያለው ርቀት r ይሁን። በሁለቱ ሙሎች መካከል ያለ የስከነ-መብርሄት ግደት (electrostatic force) መጠን ከሙሎቹ ብዜት q_1q_2 ጋር በቀጥታ እና በመካከላቸው ካለው ርቀት (r) ካሬ ጋር በግልባጥ ወደረኛ ነው። በሒሳብ ምልክት ሲጻፍም

$$F = \frac{q_1 q_2}{4\pi\varepsilon_0 r^2} \qquad (1)$$

ε_0 የባዶ ህዋ የመብርሄት አሰራጭነት (ellectric permittivity of free space) ወይም የመብርሄት ያዊት (electric constant) ይባላል። ዕሴቱም በዓለም አቀፍ ደንብ አሃዳዊ ሥርዓት 8.854188×10^{-12} ፋራዳይ /ሜትር ያህል ነው።

የብዮት-ሳቫርት ሕግ

በፈረንሳውያኑ ተመራማሪዎች ያን ባፕቲስቴ ብዮት እና ፌሊክስ ሳቫርት የተደረስ ሕግ ነው (Biot & Savart, 1820)። ሕጉ የሚለው ፥ ኮረንቲ (I) በተሸከመ ርዝመቱ ገደብ የለሽ በሆነ ቀጥ ያለ ሽቦ በr ርቀት ላይ ያለ የመግነጢሳዊ መስክ (B) መጠን

$$B = \frac{\mu_0 I}{2\pi r} \qquad (2)$$

ያህል ነው:: ከሽቦው እየራቅን ስንሄድ የመግነጢሳዊ መስክ ጥንካሬ እየቀነሰ ይሄዳል:: μ_0 የባዶ ህዋ የመግነጢስ አስራጊነት (magnetic permeability of free space) ወይም መግነጢሳዊ ያዋት (magnetic constant) ይባላል:: ዕሴቱም በዓለም አቀፋዊ ሥርዓተ አሃድ (SI units) 1.2566x10^{-6} ተስላ.ሜትር/አምፔር ነው::

የማክስዌል ቀመሮች

ሁሉም የመብርኃመግነጢሰት ንድፈ ሐሳቦች በአራት የማክስዌል ቀመሮች የሚጠቃለሉ ናቸው (Niven, 1890; Maxwell, 1861):: ጀምስ ክለርክ ማክስዌል ስኮትላንዳዊ የሒሳብና የፊዚካ ተመራማሪ ነበር:: በቀደምት የመስኩ ተመራማሪዎች የተደረሱትንና የራሱን አስተዋጽኦ ባንድ ላይ በማቀናበር ፤ መብርሂትን ፤ መግነጢሰትን እና የብርሃንን የአንድ ተፈጥሮዊ ክስተት መገለጫዎች መሆናን በሒሳባዊ ሐተታ አቅርቧል::

የማክስዌል የመጀመሪያ ቀመር: - ከዝግ ገጽ የሚወጣ የመብርሂት ጉርፈት (electric flux) በገጹ ውስጥ ከተያዘ አጠቃላይ ሙል ጋር ወደረኛ ነው:: E የመብርሂት መስክ ቢሆን ፤ ρ በገጹ ውስጥ የተያዘ የተጣራ ሙል (net charge) ቢሆንና ε_0 የመብርሂት ያዋት ቢሆን የማክስዌል የመጀመሪያ ቀመር

$$\nabla \cdot \boldsymbol{E} = \frac{\rho}{\varepsilon_0} \qquad (3)$$

ነው። $\nabla \cdot \boldsymbol{E}$ የመብርሄት መስኩ ብትነት[19] (divergence) ሲሆን ከአንድ ነጥብ የመለየት ወይም ወደ አንድ ነጥብ የመሰባሰብ ዝንባሌ ነው። ለምሳሌ በጉድጓድ ውስጥ ውኃ ያለማቋረጥ ብናፈስ ፣ ጉድጓዱ ያልተለሰነ ከሆነ ወደ አካባቢው አፈር እንደሚሰርጽ ፣ ወይም የከርሰ ምድር ውኃ ወደ ጉድጓድ እንደሚከማች ማለት ነው። ፍጥነ ስርጸቱም በአፈሩ አስራጊነት ላይ እንደሚወሰን ፣ እንደዚሁም የመብርሄት ፍጥነ ስርጸት በነፃ ህዋው አስራጊነት ይወሰናል። መብርሄት መስክ ቀስቶ መስክ ነው በx ፣ በy እና በz አቅጣጫዎች እንደ ቅደም ተከተላቸው E_x ፣ E_y እና E_z ምንዝሮች አሉት። በግሪክ ፊደል ∇ (ናብላ) የሚወከለው ሒሳባዊ አሠራር (ዴል ከዋኝ) ምን ማለት እንደሆነ ፣ አንባቢውን ለማስታወስ ያህል ፣ በሥስቱ ካርተሳዊ አቅጣጫዎች የሚደረግ ሥፍራዊ ልውጠት ነው ፣ በሒሳባዊ የምልከት አጻጻፍ $\nabla = \left\langle \frac{\partial}{\partial x}, \frac{\partial}{\partial y}, \frac{\partial}{\partial z} \right\rangle$ ነው። ስለዚህም $\nabla \cdot \boldsymbol{E}$ መጠን ብቻ ያለው ሥፋር ሥፍር (scalar) ሲሆን ሲዘረዘር $\frac{\partial E_x}{\partial x} + \frac{\partial E_y}{\partial y} + \frac{\partial E_z}{\partial z}$ ይሆናል። በሁሉም ካርተሳዊ አቅጣጫዎች የሚሆን የመብርሄት መስክ ልውጠ ሥፍራ (ፍሰት) አጠቃላይ ድምር ነው።

---

[19] ልዩይት

የማክስዌል ሁለተኛ ቀመር:- ከየትኛውም የተዘጋ ገጽ የሚወጣ መግነጢሳዊ ጉርፈት አልቦ ነው የሚል ሲሆን፡፡ በሒሳብ ሐርግ

$$\nabla \cdot \boldsymbol{B} = 0 \tag{4}$$

ይገለጻል፡፡ $\boldsymbol{B}$ መግነጢሳዊ መስክ ነው፡፡ መሠረታዊ ሒሳባዊ አወቃቀሩ ከማክስዌል የመጀመሪያ ቀመር ስለማይለይ ፤ አንባቢው ትንታኔው አንድ ዐይነት እንደሚሆን ልብ ይበል፡፡ ይህ ቀመር የሚለን ነጠላ መግነጢሳዊ ዋልታ (magnetic monopole) የለም ነው፡፡ መግነጢስ ሰሜን ዋልታ ፤ ከአጣማጁ የደቡብ ዋልታ ጋር ሁሌም አብሮ ነው የሚል ነው፡፡ ያልተጣመደ መግነጢሳዊ ዋልታ እስካሁን በተግባር አልታየም፡፡ በንድፈ ሐሳብ ደረጃ ግን ማተት ይቻላል፡፡ እንደዚያ ሲሆን ፤ የመግነጢሳዊ መስኩ ብትነት አልቦ አይሆንም፡፡

የማክስዌል ሦስተኛ ቀመር:- ይህ ቀመር በሚካኤል ፋራዳይ የእርገት ሕግ (Faraday's law of induction) ላይ የተመሠረተ ነው (Faraday, 1831)፡፡ ፋራዳይ በሙከራ ያረጋገጠውና በንድፍም ያሳየ ቢሆንም ሒሳባዊ መዋቅር አልሰጠውም ነበር፡፡ የፋራዳይን ሒሳብ መነሻ በማድረግ ቀመሩን ያስቀመጠው ማክስዌል ነው፡፡ ቀመሩ በ0-ለበት (loop) ውስጥ በተካለለ ገጽ ውስጥ ያለ የሙብርሃት መስክ ጡዘት (curl) ከመግነጢሳዊ ጉርፈት ቀናስ ፍጥነ ለውጥ ጋር እኩል መሆኑን ያጠይቃል፡፡ በሒሳባዊ የምልከት አጻጻፍ

$$\nabla \times \boldsymbol{E} = -\frac{\partial \boldsymbol{B}}{\partial t} \tag{5}$$

ሲሆን የአንድን ቀስቶ መስክ አውታረ-ፎ ሹረት የሚገልጽ የሒሳብ ሐረግ ነው ፤ $\times$ የቀስቶ ሥፍሮች መስቀለኛ ብዜት ነው። $\nabla \times$ ን ስንተገብር የምናገኘው የመብርሄት መስኩን ጡዘት ነው። የጡዘት አቅጣጫ የሹረቱ አውታር ወደሚያመለክተው ነው። በቀኝ እጅ ሕግ ፤ የቀኝ እጅ ጣቶች እንደ ሹረቱ ቢጨበጡና አውራጣት ቢገተር ፤ የአውራጣት አቅጣጫ የጡዘቱን አቅጣጫ ያመለክታል። ለምሳሌ ቡለን ሲፈታ እና ሲታሰር ግልጽ እንደሚሆነው። ቡለኑን ስናሾረው በአንደኛው አቅጣጫ ከማቀፈያው ይወጣል ፤ በሌላኛው አቅጣጫ ደግሞ ወደ ማቀፈያው ይሰርጋል። የቡለኑ ወደ ውስጥ መግባት ወይም ወደ ውጭ መውጣት እንደ ጡዘቱ አቅጣጫ የሚወሰን ይሆናል። ፈዚካዊ ሥዕሉን ለመረዳት ፤ በስኒ ያለን ቡና አስብ። ቡናውን በማንኪያ በማሾር በማማሰል፤ የቡናውን ቅንጣቶች በማዕከላዊ አውታር ዙሪያ እንዲሽከረከሩ ማድረግ ይቻላል። እያንዳንዱ የቡና ቅንጣት የሚኖራት የሹረት ቶሎታ መስክ ይኖራል። ጡዘት ዙሪያ ገጠም የሆነ የቶሎታ መስክ አልዶት ዘውር-እፍግታ (circulation density) ነው። አውታረ-ፎ ካርተሳዊ የቅንብር ሥርዓት x ፤ y እና z እናስብ። በ x ፤ y እና z አውታሮች አቅጣጫ እንደቅደም ተከተላቸው አሃዳዊ ቀስቶች i ፤ j እና k ይኑሩ። እንደሚከተለው መጻፍ ይቻላል።

$$\nabla \times \boldsymbol{E} = \left(\frac{\partial E_z}{\partial y} - \frac{\partial E_y}{\partial z}\right) i$$

$$+ \left(\frac{\partial E_x}{\partial z} - \frac{\partial E_z}{\partial x}\right) j \quad (6)$$

$$+ \left(\frac{\partial E_y}{\partial x} - \frac{\partial E_x}{\partial y}\right) k$$

እንደምንመለከተው ከጡዘት ትግበራ የምናገኘው ውጤት ቀስቶ ሥፍር ነው። ዞርገጠም ፍኖት C ይኑረን። **n** ለዚህ ፍኖት ምስቅ የሆነ አሃድ ቀስት ይሁን። ይኸም ፍኖት ክልል Sን ይቆፍ። በክልል S ውስጥ ያለውን ፍኖት ተከታይ አልዶት የስቶክስን አዋጅ በመጠቀም እንደሚከተለው እናገኛለን (አንተነህ ብሩ, 2024b)።

$$\oint_C \mathbf{E} \cdot d\mathbf{r} = \iint (\nabla \times \mathbf{E}) \cdot \mathbf{n} dS$$

$$= - \iint \frac{\partial \mathbf{B}}{\partial t} \cdot \mathbf{n} dS \quad (7)$$

$$= \frac{\partial}{\partial t} \iint \mathbf{B} \cdot \mathbf{n} dS$$

$\iint \mathbf{B} \cdot \mathbf{n} dS$ በ C የሚያልፍ ጉርፈት ነው። ስለዚም $\oint_C \mathbf{E} \cdot d\mathbf{r}$ ከጉርፈቱ ፍጥነ ልውጠት ጋር እኩል ነው።

የማክስዌል አራተኛ ቀመር:- የዚህ ቀመር መነሻ የአምፔር ሕግ ነው። አንድሬ ማሪ አምፔር ፈረንሳዊ የሒሳብ እና የፊዚካ ተመራማሪ ነበር። አምፔር የመግነጢሳዊ መስክን መስኩ ከሚያመርተው ፈሰስ መብርሃት (ኮረንቲ) ጋር አዛምዷል (Assis & Chaib, 2015)። ለአምፔር ድርስት

መነሻ የሆነው የዴንማርካዊው የሃንስ ክርስቲያን ዖሽተድ ፈሰስ መብርሃት በመግነጢሳዊ መርፌ ላይ ያለውን ተጽእኖ ምልከታ ነበር ፤ ሥዕላዊ መግለጫ 3። ዝምድናውን በማሻሻል አሁን ያለውን ቅርጽ (የማክስዌል አራተኛ ቀመር) የሰጠው ማክስዌል ነው። ቀመሩ የሚነግረን የመግነጢሳዊ መስክ ጡዘት በ0-ለበት ውስጥ ከሚፈስ ኮረንቲ ጋር እና ከመብርሃት መስክ ፍጥነ ልውጠት ጋር አቻ መሆኑን ነው። በሒሳባዊ ምልከት ሲጻፍ

$$\nabla \times \boldsymbol{B} = \mu_0 \boldsymbol{J} + \varepsilon_0 \mu_0 \frac{\partial \boldsymbol{E}}{\partial t} \qquad (8)$$

ሌሎቹ ሁሉ ቀድመን እንደበየናቸው ሲሆኑ $\boldsymbol{J}$ የኮረንቲ እፍግታ (ኮረንቲ በመጠነ-ይዘት) ነው።

በቆኝ በኩል ያለው ሁለተኛ አባል ቀመር በማክስዌል የተጨመረ ሲሆን ፤ ከዚህ ውጭ ያለው ግን በአምፔር የተደረሰ ነው። ከቀመሩ የምንረዳው

- በፈሰስ መብርሃት (ኮረንቲ) ዙሪያ ሁልጊዜም መግነጢሳዊ መስክ ይኖራል።

- የሚለዋወጥ የመብርሃት መስክ መግነጢሳዊ መስክ ያስገኛል።

- የሙሎች እና ኮረንቲዎች ለውጥ እስከሌለ ድረስ ፤ መግነጢሰት እና መብርሃት አይያያዙም። ስከነ መብርሃት (electrostatics) እና ስከነ መግነጢስ (magnetostatics) አውን ይሆናል።

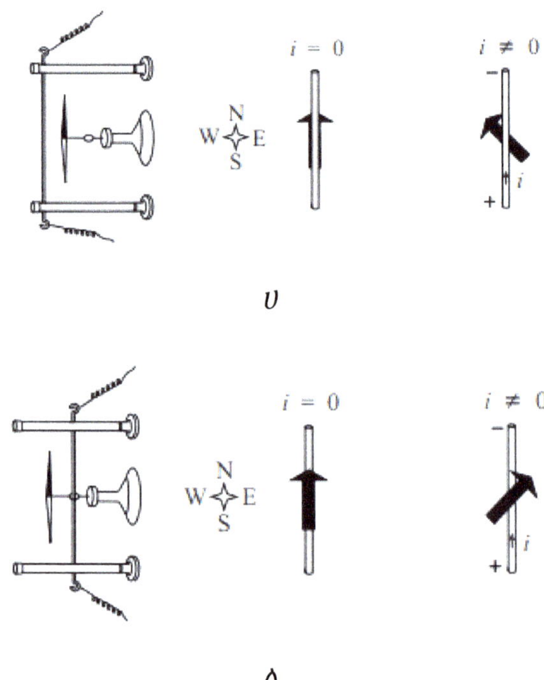

ሥዕላዊ መግለጫ 3፡ የያሻተድ ሙከራ አወቃቀር ሀ) መግነጢሳዊ መርፌ እና ከመርፌው በላይ የሆነ በአግዳሚ ሽቦ፡ በሽቦው ውስጥ የመብርሂት ፍሰት (ኮረንቲ) ከሌለ መግነጢሳዊ መርፌው በተፈጥሯዊ አቅጣጣጫጫው ይሆናል ፤ በሽቦው ውስጥ ከደቡብ ወደ ሰሜን የሚያቆርጥ የመብርሂት ፍስት ሲኖር የመግ ነጢሳዊ መርፌው ሰሜን ወደ ምዕራብ ያዘነብላል።ለ) መግነጢሳዊ መርፌ እና ከመርፌው በታች በሆነ በአግዳሚ ሽቦ፡ በሽቦው ውስጥ የመብርሂት ፍስት (ኮረንቲ) ከሌለ መግነጢሳዊ መርፌው በተፈጥሯዊ አቅጣጣጫጫው ይሆናል ፤ በሽቦው ውስጥ ከደቡብ ወደ ሰሜን የሚያቆርጥ የመብርሂት ፍስት ሲኖር የመግነጢሳዊ መርፌው ሰሜን ወደ ምስራቅ ያዘነብላል ፤ h (Assis & Chaib, 2015) የተወሰደ።

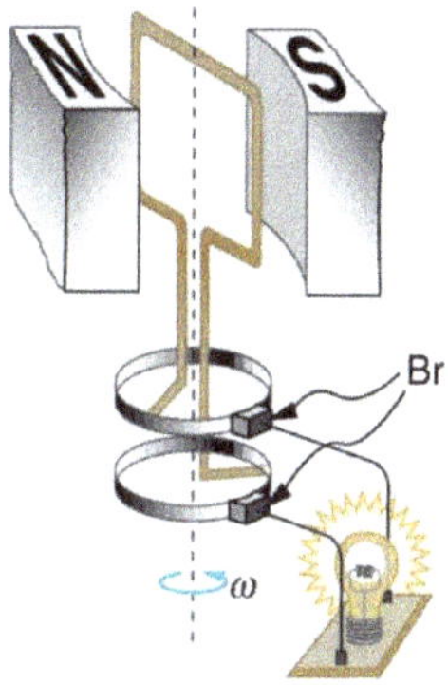

እንግዲህ ይኽ ግኝት የመብርሂት ኃይል በየቤታችን በመብራትነት ፤ በማግበስያነት ፤ በታላላቅ የማምረቻ ማዕከላት የኃይል ምንጭነት እንድንጠቀመው አስችሎናል። በግደብ የተቋረ ውኃ ወደ ዝቅተኛ ቦታ እንዲፈስ ይደረጋል። ውኃው ከፍተኛ ቦሎታ ካገኘ በኋላ አሹሪቱን (turbine) ይመታዋል። አሹሪቱ በመሽከርከር ፤ ካናቱ ላይ የተገጠመለትን የመብርሂት ማመንጫ ያሾረዋል። የመብርሂት ኃይል ማመንጫው ከመግነጢስ እና ከሽቦ ጥምዝ የተሠራ ነው። አሹሪቱ ሲሾር የሽቦ ጥምዙን በመግነጢሳዊ መስኩ ውስጥ እንዲሾር ያደርገዋል። የማክስዌል አራተኛ ቀመር እንደሚያስረዳን ይኽ ሹረት ፈሰስ መብርሂት (Electric current) ይፈጥራል። በዚህ ሂደት ከውኃው ፍሰት በሚመጣ የኃይል ማመንጫ ዘንግ (shaft) ሹረት የእንቅስቃሴ ኃይል ወደ መብርሂት ኃይል ተቀየረ ማለት ነው።

መብራ̄ኄመግነጢሰት ሞገዳዊ ባሕርይ

የማክስዌልን ቀመሮች ፍች ማስላት ውስብስብና በሒሳባዊ ትንተና (analytical solution) ሥራ የሚከብድ ሊሆን ይችላል። (በጣም ቀላል ከሆኑ ሥርዓተ ቅርጾች እና የመነሻ ሁኔታዎች በዘለለ።) በመቀጠል መብራ̄ኄመግነጢሰትን በነፃ ህዋ እናስብ። በዚህ ሁኔታ ሙልና ፈሰስ መብርሂት (ኮረንቲ) አልቦ ናቸው ብለን ማሰብ እንችላለን። በዚህ ሁኔታ የማክስዌል የልውጠት እኩልዮሾች ወደ 'ሚከተሉት ቅርጾች ይቃለላሉ።

$$\nabla \cdot \boldsymbol{E} = 0$$

$$\nabla \cdot \boldsymbol{B} = 0$$

$$\nabla \times \boldsymbol{E} = -\frac{\partial \boldsymbol{B}}{\partial t} \tag{9}$$

$$\nabla \times \boldsymbol{B} = \varepsilon_0 \mu_0 \frac{\partial \boldsymbol{E}}{\partial t}$$

የ$\nabla \times \boldsymbol{B}$ን ጡዘት $(\nabla \times (\nabla \times \boldsymbol{B}))$ ሒሳባዊ ትንተና እንመልከት፦

$$\begin{aligned} \nabla \times (\nabla \times \boldsymbol{B}) &= \varepsilon_0 \mu_0 \nabla \times \frac{\partial \boldsymbol{E}}{\partial t} \\ &= \varepsilon_0 \mu_0 \frac{\partial (\nabla \times \boldsymbol{E})}{\partial t} \end{aligned} \tag{10}$$

ከቀቁ.(9) $\nabla \times \boldsymbol{E} = -\frac{\partial \boldsymbol{B}}{\partial t}$ አለን፦ በተጨማሪም የሚከተለውን መለዮ (identity) እንጠቀማለን (አንተነህ ብሩ, 2024b)፦

$$\begin{aligned} \nabla \times (\nabla \times \boldsymbol{B}) &= \nabla(\nabla \cdot \boldsymbol{B}) \\ &\quad - \nabla^2 \boldsymbol{B}^{20} \end{aligned} \tag{11}$$

ነገር ግን ከቀቁ.(9) $\nabla \cdot \boldsymbol{B} = 0$

ስለዚህ

$$\nabla^2 \boldsymbol{B} = \varepsilon_0 \mu_0 \frac{\partial^2 \boldsymbol{B}}{\partial t^2} \tag{12}$$

---

[20] $\nabla^2 = \frac{\partial^2}{\partial x^2} \frac{\partial^2}{\partial y^2} \frac{\partial^2}{\partial z^2}$ ላፕላሳዊ ይባላል

በተመሳሳይ ሒሳባዊ ሐተታ

$$\nabla^2 \boldsymbol{E} = \varepsilon_0 \mu_0 \frac{\partial^2 \boldsymbol{E}}{\partial t^2} \qquad (13)$$

የእነዚህ ሁለት የልውጠት እኩልዮሾች ፎች አውታረ-፫ የሳይን ቅርጽ ያለው ሞገድ ነው፡፡ ሁለቱን የልውጠት እኩልዮሾች በሚከተለው መልኩ መጻፍ ይቻላል፡፡

$$\nabla^2 \boldsymbol{u} = \frac{1}{c^2}\frac{\partial^2 \boldsymbol{u}}{\partial t^2} \qquad (14)$$

$c = \frac{1}{\sqrt{\varepsilon_0 \mu_0}}$ የመብርሃመግነጢሳዊ ሞገዱ ፍጥነት ነው (በላቲን ቋንቋ celeritas ፍጥነት ለማለት ነው፡፡) የε_0 እና የμ_0ን ዕሴት በመተካት ፍጥነቱን 2.998x10^8 ሜትር በሰከንድ እናገኛለን፡፡ ይህ የብርሃን ፍጥነት ነው፡፡ በዚህ ሁኔታም ማክስዌል ብርሃን የመብርሃመግነጢሳዊ ሞገድ መሆኑን መረዳት ቻሎ ነበር፡፡ የብርሃን ሞገድ የስርጭት አቅጣጫ (የብርሃን የእንቅስቃሴ አቅጣጫ) እንደ $\boldsymbol{E} \times \boldsymbol{B}$ አቅጣጫ ነው፡፡ $\boldsymbol{E}$ እና $\boldsymbol{B}$ ርስበርሳቸው እና ለሞገዱ የእንቅስቃሴ አቅጣጫ ምስቅ ናቸው፡፡ የመብርሂት መስኩ ሞገድ ስርጭት በ$x - y$ ጠለል ቢሆን እና የመግነጢሳዊ መስኩ የሞገድ ስርጭት በ$x - z$ ጠለል ቢሆን የመብርሃመግነጢሳዊ ሞገዱ የጨረራ አቅጣጫ በx አቅጣጫ ነው፡፡ የመግነጢሳዊ እና የመብርሂት መስኩ ርስበርሳቸው ምስቅ መሆናቸውን እንደሚከተለው ማረጋገጥ እንችላለን፡፡

$$\frac{\partial (\boldsymbol{E} \cdot \boldsymbol{B})}{\partial t} = \frac{\partial \boldsymbol{E}}{\partial t} \cdot \boldsymbol{B} + \boldsymbol{E} \cdot \frac{\partial \boldsymbol{B}}{\partial t}$$

$$= \frac{1}{\varepsilon_0 \mu_0} (\nabla \times \boldsymbol{B}) \cdot \boldsymbol{B} - \boldsymbol{E} \cdot (\nabla \times \boldsymbol{E}) \qquad (15)$$

በሠለስትዮሽ ብዜት ጠባይ (አንተነህ ብሩ, 2024b) $(\nabla \times \boldsymbol{B}) \cdot \boldsymbol{B} = 0$ ፣ $\boldsymbol{E} \cdot (\nabla \times \boldsymbol{E}) = 0$ ፣ በመሆኑም $\frac{\partial \boldsymbol{E}}{\partial t} \cdot \boldsymbol{B} = 0$ ፣ $\boldsymbol{E} \cdot \frac{\partial \boldsymbol{B}}{\partial t} = 0$ ፣ $\cdot \frac{\partial (\boldsymbol{E} \cdot \boldsymbol{B})}{\partial t} = 0$:: ይህ ማለት $\frac{\partial \boldsymbol{E}}{\partial t}$ እና $\boldsymbol{B}$ ፣ $\frac{\partial \boldsymbol{B}}{\partial t}$ እና $\boldsymbol{E}$ ርስበርሳቸው ምስቅ ናቸው ማለት ነው::

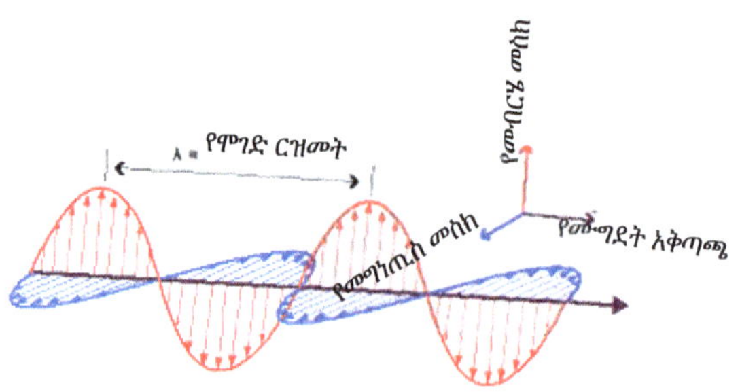

ምዕራፍ ፬: ብርሃን ፡ ቀለም እና ርዕይ

በዚህ ምዕራፍ ፣ የያለ ሮመርን ብርሃን ፍጥነት አለካክ ዘዴ ፣ የብርሃን ጽብርቀት እና ስብረት ሥነሥፍራዊ ባሕርይ ፣ የብርሃንን ምንነት ፣ የብርሃንን ሞገድ ያስተላልፋል ተብሎ ይገመት ስለነበረው ብርሃናማ ኤተር እና ሥነዕይታን እንመለከታለን።

የብርሃን ፍጥነት

ብርሃን እጅግ ፈጣን ነው። በጨለማ የፍንዳታ ወጋገን ከታየ በኋላ የተወሰነ ቆይቶ ድምፅ ይሰማል። መብረቅ በደመናት ላይም ሲከሰት ፣ ብርሃኑ ከታየ በኋላ ነጎድጓድ ይሰማል። ከነዚህ ሁነቶች ብርሃን ከድምፅ እጅግ የፈጠነ እንደሆነ መገንዘብ ይቻላል። ብርሃን ከአንድ ቦታ ወደሌላ ቦታ ለመጓዝ ጊዜ ይወስዳል አይወስድም? የብርሃን ፍጥነት ገደብ አለው ወይስ የለውም? እነዚህን እና የመሳሰሉትን ጥያቄዎች ቀደምት ሐታትያን እና ፈላስፎች አሰላስለውባቸዋል።

ጋሊሊዮ ጋሊሊ አንዱ ነበር (ጋሊሊዮ, 1632)። ጋሊሊዮ የብርሃንን ፍጥነት ለመለካትም ሞክሮ ነበር። የጋሊሊዮ የሙከራ ሐሳብ እንደሚከተለው ነበር።

«ሁለት ሰዎች የፋኖስ መብራት ይዘው ፊት ለፊት በተወሰነ ርቀት ላይ ይቆማሉ። መብራቱን በእጅ በመጋረድና በመልቀቅ ከመብራቱ የሚወጣው ብርሃን ካንዱ ለአንዱ እንዲታይ ወይም እንዳይታይ ያደርጋሉ። በመጀመሪያ በጥቂት ክንዶች ርቀት ላይ ፊት ለፊት በመሆን አንዱ

የግብር አበሩን መብራት መገለጥ ሲመለከት ወዲያውኑ ራሱም የያዘውን መብራት መግለጥን በጥሩ ሁኔታ እስከሚተገብሩ ይለማመዳሉ። ...ግብር አበሮቹ ልምድ ካካበቱ በኋላ እንደ ቀደሙ መብራቶቻቸውን ይዘው ሁለት ወይም ሦስት ማይል ተራርቀው ሙከራውን በጨለማ ያከናውኑ። ብርሃኑን የመጋረድና የመልቀቅ ሂደቱ በቅርብ ሆነው ከነበረው ሂደት እንድ ዐይነት መሆኑ ወይም አለመሆኑ ልብ ይበሉ። ... ሙከራው ከዚህ የራቀ ርቀት ካስፈለገው እንበልና ስምንት ወይም አሥር ማይሎች ቴሌስኮፕ ሊያስፈልግ ይችላል።»

ይኸን የሙከራ አተገባበር ይግለጽ እንጂ ጋሊሊዮ ራሱ እንደሚነግረን ፍተሻውን ያካሄደው ከአንድ ማይል ባነስ ርቀት ላይ ነበር። በዚህ ርቀት ላይ ስለ ብርሃን ፍጥነት (ከአንድ ቦታ ወደ ሌላ ቦታ ለመንዝ ጊዜ ይወስድ አይወስድ) ማረጋገጥ አልቻለም ነበር። ነገር ግን ከሌላ የተፈጥሮ ክስተት የብርሃን ጉዞ ጊዜ የሚወስድ መሆኑ ለመረዳት ቻሎ ነበር። መብረቅ ሲበርቅ በአንድ የደመናው ክፍል የተነሳ ብርሃን ወደሌላው ለመድረስ ሸርፍራፊ ጊዜ እንደሚያስፈልገው አጢኖ ነበር። የብርሃን ጉዞ ጊዜ የሚያወስድ ቢሆን ኖሮ ፤ በመብረቁ መነሻና መዳረሻ

መካከል ያለውን ልዩነት ለመመልከት በፍጹም በልተቻለም ነበር። ሆኖም ብርሃን ምን ያህል ይፈጥናል የሚለው ጥያቄ በወቅቱ ያልተመለሰ ነበር።

የብርሃንን ፍጥነት በብልጠት እንደለካ የሚነገርለት ዴንማርካዊው የሥነ-ፈለክ ተመራማሪ ያለ ሮመር ነው (Chaffin, 1990)። ሮመር የሒሳብ እና የሥነ-ፈለክ ትምህርቶችን ከልጅነቱ ጀምሮ ተምሯል። ኮፐን ሀገን አቅራቢያ በምትገኝ ህሸን በተሰኘች ደሴት ላይ የነበረውን የዩራንቦርግ የከዋክብት መመልከቻ በጤየጮፅ ድልክ ኢ.ኣ.ኣ. ተቀላቅሏል። በዚህ ወቅት አዮ የተባላቸውን የጁፒተር ጨረቃ የእንቅስቃሴ ሰነዶች በመመርመር ላይ ሳለ አንድ ነገር ተረዳ። አዮ በጁፒተር ዙሪያ አንድ ሙሉ ዙር ለመዞር 1.796 የምድር ቀናት ይወስድባት ነበር። በያንዳንዱ ዐውደ አዮ ፤ አዮ አንድ ጊዜ በጁፒተር ትጋረዳለች ።። (ልክ ምድር

ጨረቃን እንደምትጋርዳት እንደ የጨረቃ ግርዶሽ።) ከፀሐይ አንጻር ምድር በጁፒተር አቅጣጫ በሆነችበት ጊዜ በተከታታይ ግርዶሾች መካከል የተመዘገበው የጊዜ ርዝማኔ ምድር ከጁፒተር በተቃራኒ ሆና በተከታታይ ግርዶሾች መካከል

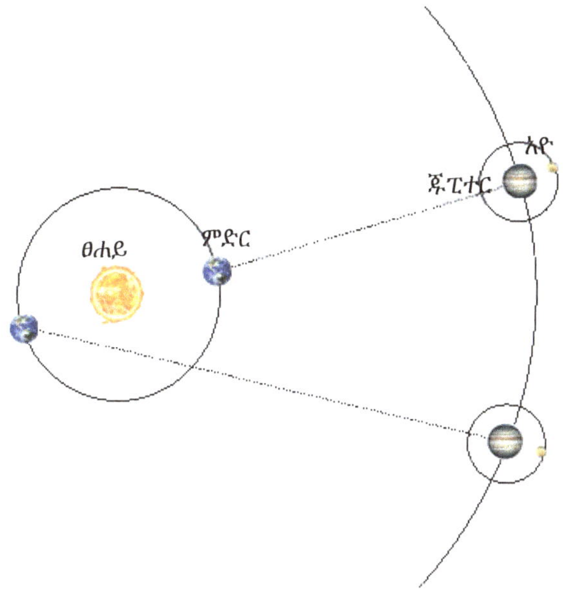

ከተመዘገቡት ጊዜያት ያነሰ መሆኑን ልብ አለ። ምድር ለጁፒተር ስትቀርብ የአዮ ግርዶሽ ከአማካይ ጊዜው ፲፮ ደቂቃ አካባቢ እንደሚፈጥን ፥ ምድር ከጁፒተር በራቀችበት ጊዜ (ከስዕስት ወር ከግማሽ በኋላ) ደግሞ የአዮ የግርዶሽ ጊዜ ከአማካይ ጊዜው ፲፮ ደቂቃ እንደሚዘገይ መዝገቡን በመመርመር አሰላ። በዚህ አኳኋን ብርሃን የምድርን የምህዋር ንፍቅ ለማቋረጥ ፳፪ ደቂቃዎች አካባቢ እንደሚወስድበት ገመተ። የሥማያዊ አካላትን የግርዶሽ ጊዜ መተንበይ በዘመኑ የሥነ-ፈለክ ተመራማሪዎች የሚፈታተኑበት ሁነት ነበር። ሮመር ስለብርሃን ፍጥነት የተረዳውን ያህል ከተረዳ በኋላ ፥ ከሥራ ባልደረቦቹ ጋር በመሆን የአዮን የግርዶሽ ጊዜ ሲተነብዩ ባልደረቦቹ (በአማካይ ዐውደ ግርዶሽ ላይ ተመርኩዘው) ከተነበዩት ፲ ደቂቃ አካባቢ ዘግይቶ እንደሚሆን ተነበየ። እንደተነበየውም ሆነ። ሮመር በወቅቱ የብርሃን ፍጥነት ይኽን ያህል ነው ወደሚል ቀጥተኛ ስሌት ውስጥ አልገባም። የርሱን መንገድ ተከትሎ ለመጀመሪያ ጊዜ ያሰላው የደች የሥነ-ፈለክ ተመራማሪ ክርስቲያን ኸይኸንስ ነበር (Huygens, 1690)። ያገኘውም መጠን ፪፻፳ሺ ማይል በሰከንድ ነበር። በዘመናችን በጥንቃቄ ከተሰላው የብርሃን ፍጥነት ዕሴት ዝቅ ያለ ነው። በሁለት ምክንያቶች ሊሆን ይችላል።

- ሮመር የተጠቀመው የአዮ የዐውደ ግርዶሽ መዝገብ የተወሰነ ስሕተት ነበረበት።

- የምድር ምህዋር መጠነ ንፍቅ በወቅቱ በትክክል አልተመጠነም ነበር።

በ፲፯፻፺፱ ድልክ እ.አ.አ. የአንድ ምቶ ዓመታት በጥሩ ሁኔታ የተጠናቀረ የአዮን ዐውደ ግርዶሽ በመጠቀም ያን ባፕቲስት ዮሴፍ ደላምብሬ የተባለ ፈረንሳዊ የሒሳብ እና የሥነ-ፈለክ ተመራማሪ የብርሃንን ፍጥነት በተሻለ አስልቷል። ደላምብሬ ያገኘው መጠን ፫፻፺ሺ ኪሎሜትር በሰከንድ ነበር። የፀሐይ ብርሃን ከፀሐይ ወደ ምድር ለመድረስ ፰ ደቂቃ ከ፲፱ ሰከንድ እንደሚወስድበትም አስልቷል። ደላምብሬ ያገኘው የብርሃን ፍጥነት መጠን በዘመናችን ከተገኘው መጠን በጥሩ ሁኔታ የሚቀራረብ ነው።

የብርሃን ጽብርቀትና ስብረት

ብርሃን በወጥ ነፃ ቦታ (uniform medium-free space) በቀጥታ መሥመር ይጓዛል። የተለያዩ እንቅፋቶች ሲያጋጥሙት አቅጣጫውን ይቀይራል (Feynman, 1963)፦

፩) ብርሃን አንጸባራቂ አካላት ለምሳሌ መስታወ(ይ)ት ሲያጋጥመው ይንጸባረቃል።

፪) ብርሃን አሳለፊ ከሆነ አንድ ማነደር ወደ ሌላ ብርሃን አሳላፊ ማነደር ሲያልፍ ፤ ለምሳሌ ከአየር ወደ ውኃ ፤ ይሰበራል።

፫) በመጠነ ግዙፍ አካላት ፤ ለምሳሌ ፀሐይ ፤ በሚሰሩት የስበት መስክ ይጎብጣል (ከርብ ፍኖት ይከተላል) ፤ ብሎም የስበት አቅማቸው እጅግ ትልቅ የሆኑ ነገሮች ለምሳሌ በዕሙቅ ዓለማት (blackhole)

አካባቢ ፤ ማምለጥ በማይችለው የስበት ግደት ፤ ወደ ነገሮቹ ማዕከል ይታጠፋል።

የመጀመሪያዎቹን ሁለቱን ፤ የብርሃንን ጽብርቀት እና ስብረትን ቀጥለን እንመለከታለን።

በጽብርቀት እና በስብረት ጊዜ የሚከተሉትን ሕጎች እንደሚከተል ቀደምት ተመራማሪዎች ተረድተዋል። ፩) ብርሃን ለምሳሌ ከአንድ አካል ላይ ሲንጸባረቅ አራፊው ጨረር ላረፈበት ጠለል ምስቅ ከሆነ ቀጤ *መሥመር* ጋር የሚሠራው ዘዌ ፤ ተንጸባርቆ ሲመለስ ከዚሁ ምስቅ *መሥመር* ጋር የሚሠራው ዘዌ ጋር እኩል ነው። ይህ ጽብርቀት ሕግ ይባላል።

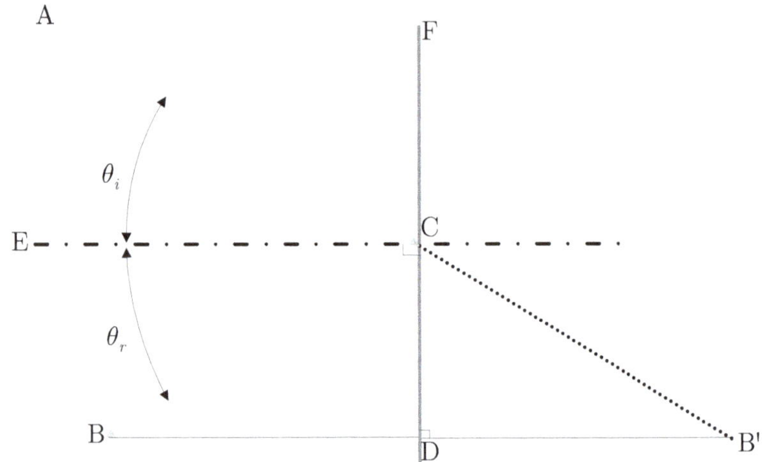

ይህን የጽብርቀት ሕግ በአጭር ፍኖት መርጎ ማግኘት ይቻላል። የአጭር ፍኖት መርጎ የሚነግረን ብርሃን በሁለት ነጥቦች መካከል የሚያደርገው ጉዞ በሁለቱ ነጥቦች መካከል መሠራት ከሚችሉት አያሌ ፍኖቶች አጭሩን መርጦ ነው

የሚል ነው። ሐሳቡን ያቀረበው ሄሮ (ከ፲ ቅልክ እስከ ፸ ድልክ) የተባለ የእስክንድሪያ ሰው ነው (Heath, 1911; Smith A. , Ptolemy's Theory of Visual Perception, 1996; Smith A. , Ptolemy and the Foundations of Ancient Mathematical Optics,, 1999)። ለምሳሌ በሥዕሉ ላይ የተመለከተውን ትልም እንመልከት። DF መስታዎት ነው እንበል። ከA የተነሳ ብርሃን መስታዎቱ ላይ ነጥሮ ወደ B ቢንጸባረቅ የአጭር ፍኖት መርኅን በመከተል ፍኖቱን በቀላሉ እንደሚከተለው በተለማ (construction) ማግኘት እንችላለን። በመጀመሪያ የBን የመስታወት ምስል B' እናግኝ። በመስታዎት ምስል ባሕርይ BD እና $B'D$ እኩል ርቀት አላቸው። ከA ተነስተን ወደ B' ቀጤ መሥመር እንትለም። መስታዎቱን C ላይ ያቋርጠዋል። BC እና $B'C$ እኩል መሆናቸውን መመልከት እንችላለን። ስለዚህ AB እና AB' እኩል ናቸው። በመሆኑም ከC ውጭ ያረፈ የትኛውም ጨረር ወደ B ቢንጸባረቅ ከ ACB የበለጠ የፍኖት ርቀት ይኖረዋል ፣ ACB አጭሩ ፍኖት ነው። ከA ተነስቶ በመስታዎቱ ተንጸባርቆ B ላይ ያለፈ የብርሃን ጨረር ሊንጸባረቅበት የሚችል የመስታዎቱ ነጥብ C እና C ብቻ ነው። ተከትሎም የተለመደውን የጽብርቀት ሕግ $\theta_i = \theta_r$ አገኘን።

፪) የተወሰነው ቁመቱ ውኃ ውስጥ የገባ ዘንግ ስንመለከት ፣ ዘንጉ የተሰበረ ይመስላል። ይህ ምትሃተ በሲር[21] (optical illusion) የብርሃን ጨረር ከአየር ወደ ውኃ ሲያልፍ በሚፈጠር የዘዌ መቀየር (መሰበር) የሚፈጠር ነው። ይህ ሁነት ቀደምት ተመራማሪዎችንም ግራ አጋብቷቸው ነበር። ከነዚህ ቀደምት ፣ የሥነ-ፈለክ እና የሒሳብ ተመራማሪው ክላውዲዎስ በጠለሚ የሙከራ ሥራ በመሥራት በአየር ውስጥ የሆነ የማረፊያ ዘዌ ያለው ብርሃን በውኃ ውስጥ ምን ያህል የስብረት ዘዌ እንዳለው ለክቶ ዘግቧል (al-Haytham, 1989)። አልሐሰንም ተጨማሪ ልኬታዎችን አድርጓል። በ፲፯የ፳፩ ድልክ እአአ ዌልቡርድ ስኔሊየስ የተባለ የደች ሐሳቢ (mathematician) የብርሃንን የስብረት ሕግ አገኘ (de Wreede, 1974)። ሕጉ በዚሁ ተመራማሪ ስም የስኔል ሕግ በመባል ይታወቃል። ይህ ሕግ እንደሚከተለው ይጻፋል።

$$\sin\theta_i = n\sin\theta_r \qquad (16)$$

- θ_i- የብርሃን የእርፊት ዘዌ (በመጀመሪያው ማኅደር)
- θ_r-የብርሃን የስብረት ዘዌ (በሁለተኛው ማኅደር)
- n -ንጻሬ ስብረት (refraction index) - የሁለተኛው ማኅደር ከመጀመሪያው አንጻር

[21] የሚለው የሥነ-ብርሃንና ሥነ-ዕይታ የጥናት መስክ ሥነ-በሲር ተብሎ ባማርኛ ተተርጉሟል። የቃሉ መነሻ ዐረብኛ ነው። እንደ Google ትርጎማ ኦፕቲክስ (optics) በዐረብኛ بصري (ብስሪ) ይባላል።

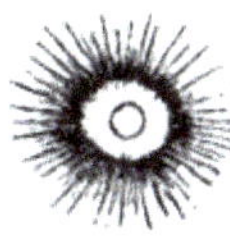

ማዕዘር ፣ ብርሃን ፣ የመፈ ፣ እገር ፣ ቀርኑ ፣ ጐፈ ፣ የሚጠጋው ፣ እንተ ፣ ሠረቀ ፣ ማዕዘሩ ፣ (በንክ ፣ መጋጅ) ።

ማዕዘር ፣
መዓዝር ፣ ብርሃኖች ፣ የብርሃን ፣ ቀርኖች ። መዓዝር ፣ ፀሓይ ፣ መዓዝር ፣ ስብሐት ፣ (መጽ ፣ ምስ) ። ተማዕዘሪ ፣ በፊ ፣ ብርሃን ፣ ኧን ፣ ፈለቀ ፣ እን አበረቀ ። እስመ ፣ በሡራኔ ፣ ገጽ ፣ ሰጸራቅሊጦስ ፣ ተማዕዘሩ ፣ (ገጽ ፣ ተክ) ።

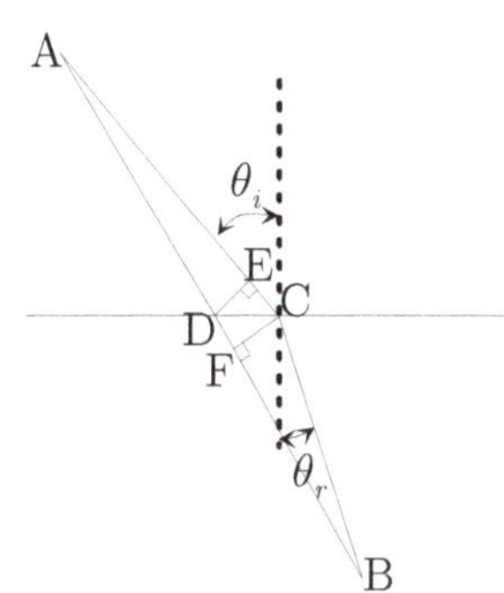

የብርሃንን የስብረት ሕግ ከአጭር ፍኖት መርኅ ማግኘት አንችልም። በብርሃን ስብረት አጭር ፍኖት የሚሠራ ቢሆን የብርሃን ማዕዘር ከአንዱ ማኅደር ወደ ሁለተኛው ሲያልፍ በቀጥታ የጨረራ አቅጣጫውን ሳይለቅ በጨረረ ነበር። የብርሃንን የጽብርቀት ሕግና የስብረት ሕግን የሚያዋሕድ መርኅ ያቀረበው ፌርማት የተባለው ፈረንሳዊ ጠበቃና የሒሳብ ተመራማሪ ነው። የፌርማት ሒሳብ <u>ብርሃን የሚከተለው አጭር ጊዜ የሚወስድበትን ፍኖት ነው</u> የሚል ነው (Feynman, 1963)። የብርሃንን ጽብርቀት በተመለከተ የአጭር ጊዜ መርኅ ፥ ልክ እንደ አጭር ፍኖት መርኅ ነው። አንባቢው ማረጋገጥ ይችላል። የብርሃንን የስብረት ሕግ የአጭር ጊዜ መርኅን በመጠቀም እንደሚከተለው ማግኘት ይቻላል። የፈቀድነውን ጥንድ ብርሃን አስተላላፊ ቁሶችን መውሰድ እንችላለን። ለምሳሌ አየርና ውኃን እንውሰድ። ሥዕሉን ተመልከት/ች። ሓሳባችን ብርሃን ከA ተነስቶ B ላይ ለመድረስ አጭር ጊዜ የሚወስድበትን ፍኖት ማግኘት ነው። አጭሩን ጊዜ ለማግኘት ከA ወደ B የሚሄዱ የተለያዩ ፍኖቶችን በመትለም ፥ በነዚህ ፍኖቶች ላይ ብርሃን ከA ተነስቶ ላይ የሚደርስበትን ጊዜ በማስላት እና በማወዳደር አጭር ጊዜ የሚወስደውን ፍኖት ማግኘት ይቻላል። በቀጥታ ለማግኘት ቀላል የሒሳብ ዘዴ አለ። ይኸም አጭር ጊዜ በሚወስደው ፍኖት ላይ የሚወስደው ጊዜ የመጀመሪያ ዕርከን δ-ለውጥ አልቦ መሆኑን በመከተል ነው። S_1

ብርሃን ከA ተንስቶ በሁለቱ ማንደሮች ወሰን ላይ እስከሚደርስ የተጓዘው ርዝመት ይሁን ፤ S_2 ደግሞ በሁለተኛው ማህደር ውስጥ B ላይ እስከሚደርስ የተጓዘው ርዝመት ይሁን:: ብርሃን ከA ተንስቶ B እስኪደርስ የወሰደበትን ጊዜ ለማስላት ፤ ከርቀት በተጨማሪ በሁለቱ ማንደሮች ውስጥ የብርሃን ፍጥነት ያስፈልገናል:: በመጀመሪያው ማንደር የብርሃን ፍጥነት c_1[22] ይሁን በሁለተኛው ደግሞ c_2 ይሁን::

$$c_2 dS_1 + c_1 dS_2 = 0 \qquad (17)$$

ፍኖቱን ከADB ወደ ACB ቢለውጥ S_1 በ EC ያህል ይረዝማል ፤ የሚወስድበትም ጊዜ በ EC/c_1 ያህል ይረዝማል ፤ S_2 በDF ያህል ይረዝማል ፤ የሚወስድበትም ጊዜ በDF/c_2 ያህል ያጥራል:: ቀቡ. (17) ተከትለን

$$c_2 EC - c_1 DF = 0 \qquad (18)$$

ከትልሙ የሚከተሉትን ዝምድናዎች ልብ በል/ይ:: $EC = DC\sin\theta_i$ ፤ $DF = DC\sin\theta_r$

$$\frac{1}{c_1}\sin\theta_i - \frac{1}{c_2}\sin\theta_r = 0 \qquad (19)$$

---

[22]የብርሃን ፍጥነት በላቲን ፊደል c ይወከላል:: የceleritas የመጀመሪያ ፊደል ነው:: ትርጉሙም ፍጥነት እንደማለት ነው::

እኩልዮሹን ብርሃን በቁስ አልባ ህዋ (free space) ባለው ፍጥነት ብናባዛ የሚከተለውን ውጤት እናገኛለን።

$$n_1\sin\theta_i - n_2\sin\theta_r = 0 \qquad (20)$$

ከስኔል ሕግ የተሻለ መረጃ አገኘን። ይኸውም የብርሃን ስብረት ምክንያት በሁለቱ ማንደሮች መካከል ብርሃን የሚኖረው የፍጥነት ልዩነት ነው። ንጹሬ ስብረት የሚነግረን ብርሃን በሁለቱ ማንደሮች ውስጥ ስላለው አንጻራዊ ፍጥነት ነው። ለምሳሌ ብርሃን በአየር ውስጥ ያለው ፍጥነት በውኃ ውስጥ ያለውን ፍጥነት 1.33 ጊዜ ያህል ነው። የአንድ ማንደር ንጹሬ ስብረት (እኩልዮሹ በዚህ ቅርጽ ሲቀመጥ) ብርሃን በቁስ አልባ ማንደር ከሚኖረው ፍጥነት ብርሃን በማንደሩ ውስጥ በሚኖረው ፍጥነት ሲካፈል ነው ማለት ነው።

የብርሃን ጉዞ የኣጭር ጊዜ መርጎን በመከተሉ

- ከአንድ ነጥብ ወደ ሁለተኛው የሚሄድበትና የሚመለስበት ፍኖት አንድ ዐይነት ነው።

- ፀሐይ ከአድማስ በታች እስከ ግማሽ መዓርጋት ድረስ ወርዳ ፡ ከአድማስ በላይ መስላ የምትታየው ፡ የፀሐይ ብርሃን በምድር ከባቢ አየር ምክንያት አቅጣጫውን

እየቀረ ለተመልካች ዐይን በመድረሱ ነው። ሥዕላዊ መግለጫውን ተመልከት/ቺ።

ይኸን የብርሃን ባሕርይ ማወቅ ፥ ዘመናዊ የሥነ-ፈለክ ምርምርን ፥ የህዋ መነጽር (ቴሌስኮፕ) ምስረታን ውጤታማ እንዲሆን አድርጓል። አንባቢው ተጨማሪ የማወቅ እና የተግባር ጥቅሙን ለመረዳት ቢፈቅድ ፥ በሥነ-በሲር (optics) ላይ የተጻፉ መጻሕፍትን በማንበብ ዕውቀቱን ማዳበር ይችላል። በዚህ መጽሐፍ ወደዚህ ሰፊ ርዕስ አንገባም። ብርሃን ከሱት የሚሆንልን በዕይታችን ነው። በሰፊው ለመዳሰስ የሚያጓድን ርዕስ ቢሆንም ፥ ሳይንስ ከደረሰበት ቀንጨብ አድርገን ተመልከተን እናልፋለን።

ብርሃን ምንድነው? የቅንጣቶች ሥርጭት ወይስ ሞገድ?

ኒውተን ብርሃን ከሞቃት ነገር የሚወለዱ የጥቃቅን ቅንጣቶች ወጋገን ነው ብሎ ያስብ ነበር (Newton, 1730)።

የቅንጣቶቹ ፊዚካዊ ጸባይ ፥ እንደ ቅርጽ ፥ ስሪት ፥ መጠን ወዘተ ከኒውተን በኋላ ለረጅም ዓመታት ሳይመለሱ የቀሩ ጥያቄዎች ነበሩ። የኒውተን ዋነኛ ተቀናቃኝ የነበረው ሮበርት ሁክ ብርሃን ልክ እንደ ድምፅ ሁሉ ሞገድ ነው የሚል ሐተታ ነበረው።

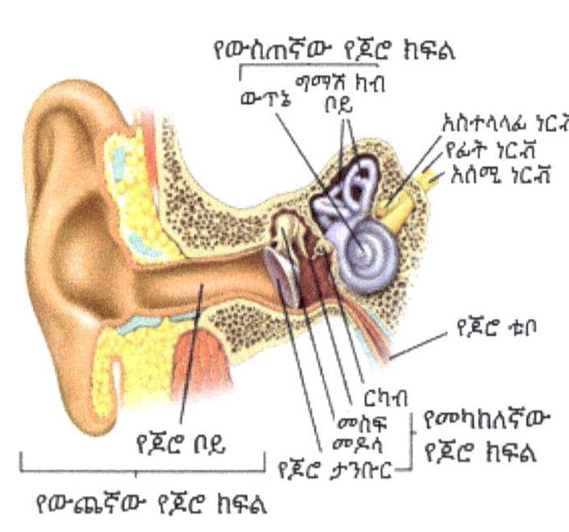

የድምፅ ሞገድ የነገሮች መርገብገብ የአየር ሞለኪውሎችን ሲያማታቸው የሚፈጠር መሆኑን ከቀደምት የግሪክ ሐታትያን ጀምሮ መሠረት የያዘ ሐሳብ ነበር። በተርገብገቢ ነገሮች የሚገፋና የሚማታ አየር ከተርገብጋቢው ነገር ተነስቶ በአየር ሞለኪውሎች የርስበርስ መገጫጨት እና መገፋፋት በሞገድ መልክ ጆሮ ጋር ሲደርስ የጆሮ ታምቡር በአየር ሞለኪውሎች እንቅስቃሴ ምክንያት እንንዲረገበገብ ይሆናል። ይኸ መርገብገብ በሞገደ መልዕክት መልክ ተቀይሮ ወደ ናላ ከደረሰ በኋላ የድምፁ ይዘት ይተረጎማል[23]። የድምፅ ሞገድ በአየር ውስጥ ብቻ ሳይሆን በጠጣር እና ፈሳሽ ነገሮችም ውስጥ እንደዚሁ ይተላለፋል። ሌላው የለመድነው ፤ ለዕይታችንም ቅርብ የሆነው የሞገድ ዐይነት የውኃ ሞገድ ነው። ውኃው በነፋስም ሆነ በሌላ ነገር አንድ አካባቢ ላይ ሲረበሽ ፤ የውኃ ሞገድ ይፈጠራል። ሞገዱ ከረብሻ ቦታው በመነሳት ወደ ሌላው የውኃው ጠለል ይነጉዳል። በድምፅ ሞገድም ሆነ በውኃ ሞገድ ልብ የምንላቸው ሁለት የሞገድ ባሕርያት አሉ።

- አንደኛው የሞገድ ባሕርይ መጠላለፍ (interference) ነው። ሁለት እና ከዚያ በላይ ሞገዶች ሲገናኙ የደማመራሉ ወይም ይጠፋፋሉ። ለምሳሌ በውኃ ላይ ሁለት የሞገድ ግንባሮችን በማስነሳት ሲገናኙ የሚፈጥሩትን ጥልፈት (pattern) ማጤን ጥሩ ግንዛቤን ይሰጣል። የሞገዶቹ ከፍታ (crest) በአንድ ሥፍራ ላይ

---

[23] Nerve- አንዘር ተብሎ ቢተረጎም እላለሁ።

ሲገናኙ ይደማመሩና ትልቅ የሞገድ ከፍታ ይፈጥራሉ፡፡ የሞገዶቹ ዝቅታዎች አንድ ሥፍራ ላይ ከተገናኙም እንደዚሁ ተደማምረው ትልቅ የሞገድ ዝቅታ (trough) ይሠራሉ፡፡ የአንደኛው ሞገድ ዝቅታ ከሌላኛው ሞገድ ከፍታ ጋር አንድ ሥፍራ ላይ የተገናኙ እንደሆነ ፣ ርስበርሳቸው ይቀናነሳሉ፡፡ እኩል መጠን ካላቸው ይጠፋፋሉ፡፡

- ሁለተኛው ባሕርይ በቁሳዊ ነፋስ (ስበት ፣ መብርሄመግነጢስ) ተጽእኖ ስር ካልሆኑ በቀር ቅንጣቶች የእንቅስቃሴ አቅጣጫቸውን መጠበቃቸው እና በቀጥታ መሥመር መጓዛቸው ነው፡፡ ሞገዶች ከቅንጣቶች በተቃራኒ የእንቅስቃሴ አቅጣጫቸው ይበተናል፡፡ ፈጣን ርግብግቦሽ (frequency) ያላቸው ሞገዶች ዝቅተኛ ርግብግቦሽ ካላቸው ሞገዶች ይልቅ የሙግደት አቅጣጫቸውን የሚጠብቁ ናቸው፡፡ ለምሳሌ ዝቅተኛ ርግብግቦሽ ያላቸው ድምጾች የሥርጭት ስፋታቸው ከፍተኛ ነው፡፡ የፉጨት ዐይነት ከፍተኛ ርግብግቦሽ ያላቸው ድምጾች በአንጻራዊ መልኩ ሥርጭታቸው ጠባብ ነው፡፡ የድምጽ ሞገዶች ርግብግቦሽ እየጨመረ ሲመጣ የሞገዶቹ ፍኖት ቀጥ እያለ ይመጣል፡፡

በ፲፱ኛው መቶ ክፍለ ዘመን ከተደረጉ ዋና ዋና የሳይንስ ግኝቶች አንዱ የብርሃን ተፈጥሮ በውል መታወቅ መቻሉ ነበር። ብርሃንም በድምፅ እና በውጉ ሞገዶች የሚታዩት ዐይነት ባሕርያት እንዳሉት ተደርሶበታል። ከኒውተን ከመቶ ዓመት በኋላ ቶማስ ያንግ የተባለ እንግሊዛዊ የዘርፈ ብዙ ዕውቀት መሁር በቤተሙከራ ሥራ ብርሃን ሞገድ መሆኑን

አሳይቷል (Peacock, 1855)። የያንግ ሙከራ እንደሚከተለው ነው። የሙከራው ቅንብር ፥ የብርሃን ምንጭ (ያንግ የተጠቀመው የፀሐይ ብርሃንን ነበር) ፥ ከብርሃን ምንጩ ፈትለፈት የሚሆን ሁለት ቀዳዳ ያለው ጠፍጣፋ ነገር እና ብርሃን በቀዳዳዎቹ አልፎ የሚያርፍበት መጋረጃን የያዘ ነው። የብርሃን ጨረሮቹ

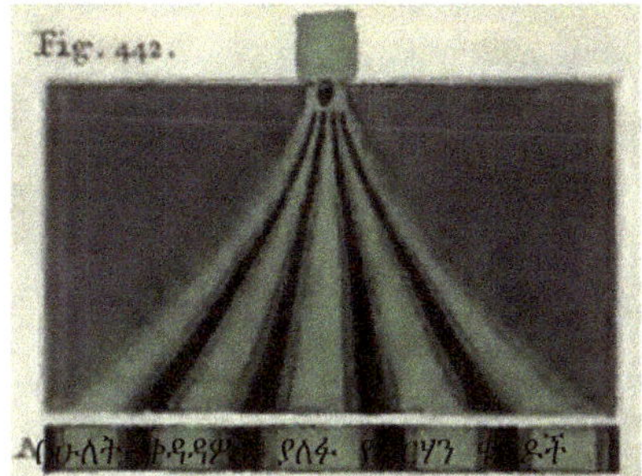

የፈጠሩት መጠላለፍ (ከያንግ መጽሐፍ እና የተወሰደ)

በሁለት ቀዳዳዎች አልፈው መጋራጃው ላይ ሁለት ብሩህ ሥፍራዎች ይታያሉ። ያንግ ቀዳዳዎቹን ሲያጠባቸው ፥ በመጋረጃው ላይ ያረፉት ሁለቱ ብሩህ ሥፍራዎችም እየጠበቡ ይሄዳሉ። ነገር ግን ቀዳዳዎቹን እጅግ ጠባብ ሲያደርጋቸው በሁለቱ ብሩህ ሥፍራዎች ዙሪያ ደብዛዛ የብርሃን ቀለበት ይፈጠሩ ጀመር። የቀዳዳዎቹን መጥበብ ተከትሎ በማነስ ፈንታ ፥ ብሩህ ሥፍራዎቹ ባልተለመደ መልኩ መጠናቸው እየጨመረ ይሄድ ጀመር። ብርሃን የጥቃቅን ቅንጣቶች ስብስብ ቢሆን ቅንጣቶቹ በቀጥታ መሥመር ስለሚጓዙ እንዲህ ዐይነት ሁኔታ ሊያሳይ አይችልም ነበር። ይኸ የሞገድ ጸባይ ነው። ቀዳዳዎቹን እጅግ በጣም እያሳነሳቸው ሲሄድ ሁለቱ የብርሃን ክልሎች

መደራረብ ጀመሩ። የተደራረቡበት ክልል ፤ በጥቁር ትልሞች የተከፋፈለ ጥልፍልፍ ሥርዶ ታየ። ይኸ በብርሃን ሞገዶቹ መደራረብ እና መጠላለፍ የተፈጠረ ጥልፍልፍ ነው። ጥቁሮቹ ትልሞች የሚሆኑት ሞገዶቹ ርስበርሳቸው የሚጣፉበት ሥፍራ ላይ ነው።

የሙከራውን ሐሳብ ለመረዳት በረጋ ውኃ ላይ ሁለት ድንጋዮችን ጣል። ሁለቱ ድንጋዮች የፈጠሯቸው የውኃ ሞገዶች ርስበርሱ ሲገናኙ የሚፈጥሩትን ጥልፍልፍ ተመልከት።

ብርሃን ሞገድ ከሆነ እንዴት በቀጥታ መሥመር ሊጓዝ ቻለ? ብርሃን በቀጥታ መሥመር የሚጓዘው የሞገድ ባሕርያትን ስንዳስስ እንደጠቀስነው የሞገድ ርግብግቦሹ እጅግ ከፍተኛ በመሆኑ ነው። የብርሃን ሞገድ ርግብግቦሽ እጅግ ከፍተኛ ነው ፤ የሞገድ ርዝመቱም በጣም አጭር ነው። ከአንድ ሳንቲሜትር ጂሺኛ ከፍልፋይ ያነሰ ነው።

ብርሃናማ ኤተር

በ፲፱ነኛው መቶ ከፍለ ዘመን ብርሃን የሞገድነት ባሕርይ እንዳለው ተቀባይነት አግኝቷል። የመብርሄመግነጢስ ሞገድ ፍጥነት እና የብርሃን ፍጥነት እኩል መሆኑን ያጤነው ማክስዌል ፤ ብርሃንም ከመብርሄመግነጢስት ሞገዶች አንዱ ነው የሚል ድምዳሜ ላይ ደርሷል። የዘመኑን የፈዚካ ሊቃውንት ሐሳብ ይዞ ይነበረው ጥያቄ የብርሃን ሞገድ አማካኝ ምንድነው? የሚለው ጥያቄ ነበር። የድምፅ ሞገድ በአየር ውስጥ የሚተላለፈው በአየር ሞለኪውሎች መገፋፋት እና መገጫጨት ነው። በያና (ቫኪዩም) ውስጥ

ድምፅ አይተላለፍም። የውጐ ሞገዶችም የውጐ ቅንጣቶች አንድን ረብሻ ርስበርሳቸው በመገፋፋት ከአንዱ ወዳንዱ ሲያስተላልፉ የሚሆን ነው። በማመሳሰል ብርሃንስ በምን አማካኝ ነው በሞገድ መልክ የሚተላለፈው? ብርሃንም አንድ የማናውቀው ፤ በውል ያልተረዳነው ነገር ሙግደት መሆን አለበት የሚል ሐሳብ ተቀነቀነ። የብርሃንን ሞገድ ይሸከማል ተብሎ የታጨው የአሪስጣጣሊስ ፊዚካ ቅሪት የነበረው ኤተር ነበር (Boyle, 1772; Young, 1801; Jourdain, 1915)። ኤተር የሚለው ቃል መሰረቱን ቀደምት የግሪክ እምነቶች ውስጥ ያገኛል። በጥንታዊ የግሪክ እምነቶች ሕይወት ያላቸው ፍጡራን አየር እንደሚተነፍሱት ሁሉ አማልክቱ የሚተነፍሱት እስትንፋስ ኤተር ነው ብለው ያምኑ ነበር። ንጹሕ እስትንፋስ እንደማለት ነው። ኤተር ከግሪክ አማልክትም እንደ አንዱ ይቆጠር ነበር። ነገሮች ሁሉ ከአራት መሠረታዊ ነገሮች ፤ መሬት ፤ ውሃ ፤ እሳት እና አየር የተገኙ ናቸው የሚለው ቀደምትነት ያለው ሐተታ ነው። ሌሎች ፊዚካዊ ነገሮች ሁሉ የነዚህ የአራት ነገሮች መበላላት እና መዋሃድ የሚፈጥራቸው ናቸው ብለውም ያስቡ ነበር። በሀገራችን ቀደምት ሊቃውንት የተተረነመ መጻሕፍት እነዚህን አራቱን የሥጋ (የፊዚካ) ባሕርያት ናቸው ይሏቸዋል ፤ አባ ሀን ተመልከት/ች ። ብርግጥ በቀደምት ሐታትያን የቀረቡት መሠረታዊ ነገሮች እነዚህ አራቱ ብቻ አልነበሩም። በኋላ ፤ አሪስጣጣሊስ ኤተር አምስተኛው መሠረታዊ ነገር እንደሆነ አቀርቧል። አሪስጣጣሊስ ይሆናሉ ያላቸው የኤተር ባሕርያት የሚከተሉት ነበሩ (አሪስጣጣሊስ, 384–322 ዓዓ ፤ ፲፱፻፲፱ ዓም የታተመ)።

- ምንም ዐይነት ቅስም (quality) የለውም፡፡ (ሞቃትም አይደለም ፣ ቀዝቃዛም አይደለም ፣ ደረቅም አይደለም ፣ ርጥብም አይደለም)
- ቦታ ከመቀየር በቀር ፣ ለውጥ አልባ ነው፡፡
- በተፈጥሮው ፣ እንቅስቃሴው ሁሉ በከብ ነው፡፡
- ተቃራኒ የለውም፡፡

ኤተር ለብርሃን ሞገድ መተላላፊያነት ሲታጮ ፣ ብርሃናማ የሚል ገላጭ በመጨመር ብርሃናማ ኤተር (luminiferous aether) ተብሎ ፣ የሚከተሉት ባሕርያት ተበየኑለት

- ብርሃንን ወሳጭ እና የብርሃን ሙግደት አማካኝ የሆነ ጠፈርን የሞላ ፣ የቁሶችን እንቅስቃሴ የማይጋተር (ባይሆን ኖሮ ፕላኔቶች በጉዚቸው እያደር መዘግየትን ያሳዩ ነበር!) ፣ የማይታይ ምትሃታዊ ነገር ነው፡፡
- ከፍጹም ነባሪ (stationary) ነው፡፡
- እጅግ ቀላል ነው፡፡
- ነገሮች ሁሉ በኤተር ውስጥ ናቸው ፣ እንቅስቃሴያቸውም በኤተር ውስጥ ነው፡፡
- ብርሃን ከብርሃናማ ኤተር አንጻር በያዋ ቶሎታ ይጓዛል፡፡

በ፲፱ነኛው መቶ ክፍለ ዘመን እነዚህን እና የመሳሰሉ የኤተር ባሕርያትን በይሁንታ በመያዝ ብዙ ፅንሰ ሐሳቦች ተበልጽገው ነበር፡፡ የኤተርን መኖር ማረጋገጥ አስፈላጊ

ነበር። ቅስሞቹ ለዕይታ የማይመቹ በመሆኑ መኖር
አለመኖሩን ለማረጋገጥ ቀላል አልነበረም። ብርሃናማ
ኤተርን በቤተሙከራ ለመከሰት ብዙ ሙከራዎች ተደርገው
ነበር። ከነዚህ ውስጥ በጣም ታዋቂ የሆነው በቀታዩ
ምዕራፍ ውስጥ የምንዳሥሰው የቤተሙከራ ሥራ
የሚካኤል እና ሞርሌይ የቤተሙከራ ሥራ ነው።

ለሰው ዐይን ክሱት የሆኑ የብርሃን ቀለማት

ለዐይናችን ክሱት የሆነው ብርሃን የኤሌክትሮመግነጢሳዊ

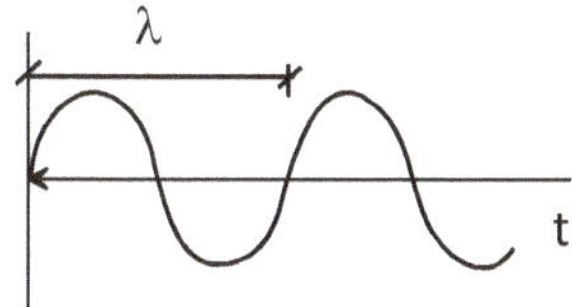

ጨረራ (electromagnetic radiation)
የቀለማት ስብጥር (ስፔክትረም) ትንሽ ከፍል
ነው። የኤሌክትሮመግነጢሳዊ ጨረሮች በሞገድ
ርዝመታቸው ይገለጻሉ። የሞገድ ርዝመት የሞገድ
ቅርጽ ራሱን የሚደግምበት ርዝመት ነው። (በሥዕሉ ላይ
ተመልከት/ቺ።) ለሰው ዐይን ክሱት በሆነው
የመብርሄመግነጢስ የቀለማት ስብጥር (ስፔክትረም) ፤
የሞገድ ርዝመቱ እየቀነሰ ሲሄድ ከቀይ እስከ ኀምራዊ ያሉ
ቀለማት ይታያሉ። ከቀዩ የስፔክትረም ቀለም የሞገድ
ርዝመት በላይ ያላቸው ጨረሮች <u>ትኀተ ቀይ</u> (infrared)
ይባላሉ። ከኀምራዊው ያነሰ የሞገድ ርዝመት ያላቸው
ጨረሮች <u>ልዕለ ኀምራዊ</u> (ultraviolet) ይባላሉ። ትኀተ
ቀይም ሆነ ልዕለ ኀምራዊ ጨረሮች ለሰው ልጅ ዐይን
አይታይም። የራዲዮ ሞገዶች ከትኀተ ቀዪ ጨረሮች ወገን
ናቸው። የሬዲዮ ስርጭት ጣቢያዎች ይኸን ያህል አጭር
ሞገድ ፤ ይኸን ያህል ረኽርም ሞገድ በማለት እንደሚለዩ ልብ
እንላለን። መደበኛ ስርጭቶች <u>፫ዯ</u> ሜትር አካባቢ የሞገድ

ርዝመት አላቸው። አጭር ሞገዶች ከዚህ ያነሰ የሞገድ
ርዝመት አላቸው። በሌላ ወገን ኤክስ ጨረሮች ፤ ጋማ
ጨረሮች ፤ ቤታ ጨረሮች ወዘተ ከልዕለ ጎምራዊ ወገን
ናቸው። ይኽን የብርሃን ባሕርይ ለመጀመሪያ ጊዜ
በሳይንሳዊ መንገድ ያጠናው ይስሐቅ ኔውተን ነው
(Newton, 1730)።

ሥነ-ዕይታ

በዕይታ ላይ ዘመናዊ ሳይንስ የደረሰበት መንገድ ፤ ሥነ-
ፈለክ እና ሒሳብ ከደረሱበት ብዙ አይለይም። ዕይታን
ሒሳባዊ መዋቅር ለመስጠት የሞከረ የመጀመሪያው ሰው
ምናልባት ዩክሊድ ሳይሆን አይቀርም። ዩክሊድ የዕይታ
መሠረት ከዐይን የሚመነጭ ጨረር ነው የሚል አስተሳሰብ
ነበረው (Euclid, 1945)። ከዐይን የሚመነጩት ጨረሮች
በምን መልኩ ዕይታን ይፈጥራሉ ብሎ እንደሚያስብ ግልጽ
አይደለም። ከዩክሊድ ቀጥሎ በሥነ-ዕይታ ላይ መሠረት
የጣለ ፤ ምናልባትም ልክ እንደ ሥነ-ፈለኩ ለአውሮፓውያን
የሥነ-ዕይታ ምርምር መነሻነት ከሆኑት ምርምሮች አንዱ
የክላውዲዎስ በጦለሚ ሥራ ነው (Smith A. , 1996)።
በጦለሚም እንደ ዩክሊድ ዕይታ ከዐይን በሚመነጭ ጨረር
ምክንያት እንደሆነ ያስብ ነበር። ብርሃን አየር ወደ ውኃ
ሲጨርር አቅጣጫውን እንደሚቀይር (እንደሚሰበር)
በማተት ፤ የስብራቱን ዘዌ የለካም ነው። ከጁኛው እስከ
፲፫ኛው መቶ ክፍለ ዘመን የ0ረቡ ክፍለ ዓለም የሥነ-ፈለክ
፤ የሒሳብ እና የፍልስፍና ሥራዎች በሰፊው ትኩረት
ያገኙበት ፤ የ0ረብ የፍልስፍና ፤ የሒሳብና የሥነ-ፈለክ
ሊቆች ብዙ አስተዋጽኦ ያደረጉበት ጊዜ ነበር። አንዳንድ

ጸሐፍት ወርቃማው የዐረብ ዘመን ይሉታል። በዚህ ጊዜ በክላውዲዎስ በጦለሚ የሥነ-ዕይታ ሥራ ላይ ተጨማሪ የምርምር ሥራዎችን ያበረከተና የዘመናዊን የሥነ-ዕይታ መሠረት ያጠናከረ የዐረብ የሥነ-ፊለክ እና የሥነ-ዕይታ ተመራማሪው አቡ አሊ አልሃሰን ነበር (al-Haytham, 1989)። አልሃሰን ሥነ-ዕይታን ከዐይን ፊሳሎነስ[24] (ፊዚዮሎጂ) ጋር በማያያዝ ፤ ዕይታ የሚፈጠረው በዐይን ፊት ያለው ክፍለ ዓለም ምስል በዐይታ ድራብ ላይ ሲያርፍ መሆኑን ከትቢል። የሁለቱ ዐይኖች ዕይታ ተጣቃለው አንድ ምስል የሚሰጡን የዐይታ አንዟር (ነርቭ) ውስጥ መሆኑንም ጤኅምር አትቷል። የዩክሊይድ ፤ የበጦለሚና የአልሃሰን የምርምር ጽሐፎች በ፲፪ኛውና በ፲፫ኛው መቶ ክፍለ ዘመን የሥነ-ዕይታ ጥናት ማንሰራራት ምክንያት ሆነዋል። በዚሁ ወቅት በአውሮፓ የሥነ-ዕይታን ጥናትና ምርምር የመጀመሪያውን ርምጃ ሮበርት ግሮሴተስተ ፤ ሮጀር ቤከንና ጆን ፔከሃም የተባሉ ሠስት ግለሰቦች አድርገዋል። እስከ ፲፬ኛው መቶ ክፍለዘመን ግን በዐይን ውስጥ የሚሰራው ምስል የተገለበጠ ምስል መሆኑን ያተተ አልነበረም። ምንም እንኩዋን ብርሃን በምስሪት ሲያልፍ የብርሃን ጨረሩ የሚገለበጥ እንደሆነ በቀደምት የዘርፉ ተመራማሪዎች የሚታወቅ ቢሆንም ዐይን ውስጥ ፤ ከዐይን ምስሪት በስተጀርባ የሚዋቀረው ምስል የተገለበጠ ከሆነ ለምን ዓለሙን የግልብጥ ሆኖ አንመለከተውም የሚል ውዝግብ ነበር። ይኸን ያስረገጠ ዮሐንስ ኬፕለር ነው (Kepler,

____

[24]የቃሉ መነሻ፡ ግሪክ (ጽርእ) ፤ ትርጉም፡ ነባቤ ባሕርይ የፍጥረትን ጠባይ የሚናገር ፤ ፍልስፍና። ... (መጽሐፈ ስዋስው ወግስ ወመዝገበ ቃላት ሐዲስ በኪዳነ ወልድ ክፍሌ። ፲፱፻፶፬ ድልክ።

1604)። ከቀደምት እንደ ኬፕለር ደፍሮ እዚህ ድምዳሜ ላይ የደረሰ አልነበረም። ይህን ድምዳሜ ግን በቀዶ ጥገና የዐይን ምስሪት በማውጣት ማረጋገጥ ተችሏል። (አንባቢው ይህን ማረጋገጥ ቢፈቀድ ፤ ከበግ ወይም ከፍየል ዐይን ውስጥ ምስሪቷን በጥንቃቄ በማውጣት እና ብርሃን በማሳለፍ መመርመር ይችላል።የዐይን ሥርዓተ ውቅር በዘመናዊ ሳይንስ በደንብ የተጠና ነው (Willough, et al., 2010)። ዐይታ በዐይንና በአእምሮ እንዴት ይከናወናል? ቀለምን እንዴት እናያለን? ወዘተ የሚሉ ጥያቄዎች መልሶች ተገኝተውላቸዋል። ብርሃን ወደ ዐይን በነጫ ድራብ አድርጎ ይገባል።

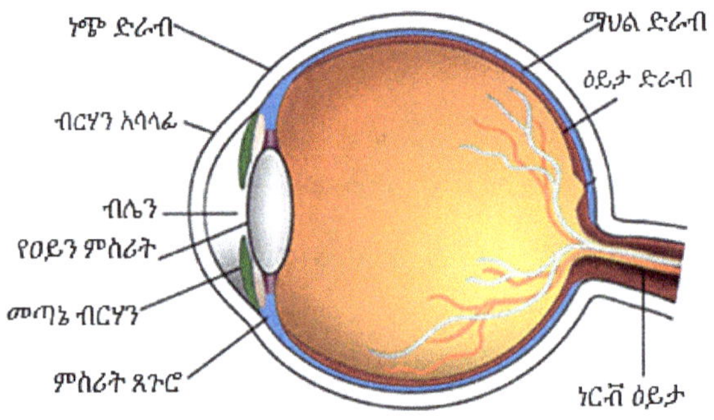

ሥዕላዊ መግለጫ 4: የሰው ዐይን አቀዉ ቃቀር እና አካላተ ዐይን

በዐይነ ምስሪት እና በዐይነ ውኃ አልፎ በዐይታ ድራብ ላይ የተገለበጠ ምስል ይሠራል። ሩቅ ወይም ቅርብ ነገሮችን ስንመለከት ፤ ዐይነ ምስሪቱ በምስሪት ጿ‍ሮዎች በመወጠርና በመርገብ የተለያዩ ርቀቶችን ለማየት ይስተካከላል። ወደ ዐይን የሚገባውን ብርሃን ለመመጠን ፤ መጣኔ ብርሃን አለ። መጣኔ ብርሃኑ ቡኒ ወይም ሠማያዊ

ሊሆን ይችላል (የዐይን ቀለም መገለጫ ነው።) የተለያዩ የዐይታ ድራቡ ክፍሎች በዐይታ ሥር ካለው መስክ የተለያዩ ቦታዎች ብርሃን ያገኛሉ።

በዐይታ ድራቡ ላይ የሰላ ዐይታ ያለው ስናተኩር የምንጠቀምበት ቦታ አለ። Fovea ወይም Macula ይባላል። የአማርኛ ስያሜ አላገኘሁም። እንደግብሩ ማትኮሪያ ብየዋለሁ። እንደዚሁም ፣ ምንም ምስል መሥራት የማይችል ዐውር ነጥብ (blind spot) የሚባል አለ። የዐይታ ድራብ ዘንጌ (rods) እና ቅምብቤ (cones) ከሚባሉ ሁለት ሕዋሳት የተዋቀረ ነው። ዘንጌዎች በዐይታ ድራቡ ዳርቻ ላይ ጥቅጥቅ ብለው ይገኛሉ። ወደ ማትኮሪያው አካባቢ ከዘንጌዎቹ በተጨማሪ ቅምብቤ ሕዋሳትም ይገኛሉ። በማትኮሪያው ላይ ቅምብቤ ሕዋሶች ብቻ በጣም ጥቅጥቅ ብለው ይገኛሉ።

የዘርፉ ተመራማሪዎች እንደሚነግሩን ፣ በተለያዩ የዐይታ ድራብ ሕዋሳት ላይ የተቀናበሩ መረጃዎች ወደ አእምሮ በሞገድ መልዕክት (ሲግናል) መልክ ከመድረሳቸው በፊት የተወሰነ መረጃ የማጠናቀር ሥራ በዐይታ ድራቡ ላይ ባሉ ሕዋሳት ይከናወናል። ዐይን የሚበለጽግበትን መንገድ የሥነ-መዋቅር አካል ተመራማሪዎች እንደሚነግሩን ፣ በጽንስ ዕድገት ወቅት ፣ የናላ ትንሽ ክፍል ወደፊት ይመጣል (በኋላ ዐይን የሚሆኑት ጎብረ ሕዋሳት) ፣ ረገዥም ድር መስል ሕብረ ሕዋሳት ወደ ናላ በማደግ ከናላ ጋር ያያይዘታል። ስለዚህም ዐይን የናላ ክፍል እንደመሆኑ መጠን የተወሰነ መረጃን የማጠናቀር ሥራን እንደሚሠራ ይታሰባል።

ዐይናችን ጨለማን የመለማመድና በጨለማም ውስጥ የተወሰነ የማየት አቅም አለው። ነገር ግን የሚታየው ጥቁርና ነጭ ቀለም ብቻ ነው። ይህ በጨለማ የመመልከት አቅም በዘንጌዎቹ ብቻ እንደሆነ ታውቋል። በብርሃን የማየት እና ቀለምን መለየት ደግሞ በቅምብሪዎቹ የሚከናወን ነው።

የዐይን ቀለም የመለየት አቅም እንደሚቀበለው የብርሃን ብርታት (intensity) የሚወሰን ነው። ነገር ግን የፈቀድነውን ቀለም ብንወስድ በሁለት ስዎች ዐይታ ውስጥ የሚፈጠረው ቀለም አንድ ዐይነት መሆኑን ማስረገጥ አይቻልም። ቀለም ዐይታ መሰረቱ የዐይታ የሞገድ ርዝመት ውስጥ ያለ የኤሌክትሮመግነጢስ ብርታት (electromagnetic intensity) ነው።

የፊዚካ ተመራማሪዎች እንደሚነግሩን የፈቀድነውን ቀለም ከሦስት (የትኞቹም) ቀለማት ፣ የድብልቃ መጠናቸውን በመቀመር መመሥረት ይቻላል። ትግበራውን ከማቅለል አንጻር የሆኑ ሦስት ቀለማት ከሌሎች ሦስት ቀለማት የተሻለ ተመራጭነት ሊኖራቸው ይችል ይሆናል (ለምሳሌ የተለምዱት ቀይ ፣ ሠማያዊ እና አረንጓዴ ናቸው።) ቀለምን ማደባለቅ በፊዚካም በሥነ-ሥዕልም ራሱን የቻለ ጥበብ ነው። ለምሳሌ ሦስት መስራች ቀለሞችን ብንወስድ እነዚህን ቀለሞች [ወይም የሚወክሉትን የብርሃን የሞገድ ድግግሞሽ (frequency)] በማደባለቅ የሚሥራው ቀለም እንበልና X ቢሆን (Feynman, 1963)

$$X = aA + bB + cC$$

ይሆናል። a ፤ b እና c እንደቅደም ተከተላቸው የቀለም A ፤ B እና C መጠኖች ናቸው። የፈቀድነውን ቀለም ለመመስረት a ፤ b እና cን በሙከራ መወሰን ይቻላል።

ዐይን ቀለማትን እንዴት ይለያል (ይመሠርታል)? የሚለውን ጥያቄ ለመመለስ ፤ ቀላሉ ሐሳብ የቶማስ ያንግ (Young, 1801) እና የኸርማን ቮን ሄልምሆልትዝ ንድፈ ሐሳብ ነው (Wade, 2021)። እንደ ያንግና ሄልምሆልትዝ ንድፈ ሐሳብ በዐይን ውስጥ ቀለምን ለመለየት (ለመመስረት) የሚያስችሉ ሦስት ቀለም መሥራች ሕዋሳት አሉ። ብርሃን ሲያርፍባቸው አንዱ ቀዩን የሞገድ ርዝመት ፤ ሁለተኛው ሠማያዊውን ፤ ሦስተኛው አረንጓዴውን ይዕዑጣሉ። እነዚህ መስራች ቀለማትን የሚሠሩ የብርሃን ሞገዶች ከተነፃሪው ቁስ ላይ ነጥረው በዐይን ከገቡ ፤ እነዚህ ሦስት ሕዋሳት እንደ ባሕርያቸው ሦስቱን መሠረታዊ ቀለማት በመምጠጥ ፤ ዐይን ውስጥና አእምሮ ውስጥ ተቀናብረው ቀለማት ይታያሉ (ይመሠረታሉ)። በተጨማሪም ፤ በብርሃን ብቻ ሳይሆን በድምፅም በተወሰነ መልኩ ቀለማትን የሚመለከቱ ፤ ራሴን ጨምሮ ፤ አሉ። ይህም ማለት ፤ ቀለምን ማዬት ሕሊናዊ ነው።

የሰው ዐይን ብቾኛው የዐይን ዐይነት አይደለም ፤ በሌሎች የሕይወት ዘርፎች (ዝርያዎች) ብዙ ዐይነት ዐይኖች አሉ። በተለይም ሦስት አጽቄዎች በጣም የበለጸገ ድርብርብ ዐይን አላቸው።

ዕይታቸው በደንብ ከተጠና ሦስት አጽቄዎች መካከል ንብ አንዷ ናት። ንቦች ለኛ አንድ ዐይነት ነጭ የሚመስሉንን ፤ ቀለማቸውን መለየት ይችላሉ። የሰው ዕይታ ከቀይ እስከ ኃምራዊ ባለው ሕብረ ቀለም የተወሰነ ነው። የዘርፉ ተመራማሪዎች እንደሚነግሩን ንቦች ልዕለ ኃምራዊ ቀለማትንም መለየት ይችላሉ (Dyer, Howard, & Garcia, 2016; Horridge, 2015)። በመሆኑም ለኛ አንድ ዐይነት የሚመስሉንን አበቦች ልዩነታቸውን መመልከት ይችላሉ። ለኛ አንድ ዐይነት ነጭ መስለው የሚታዩን አበቦች ፤ ከነዚህ አበቦች የሚነጥሩ ልዕለ ኃምራዊ ቀለማትን መለየት ስለማንችል ነው። ንቦች ግን መለየት ይችላሉ። እኒህ አበቦች ለኛ ነጭ ቢመስሉንም ለንቦች ቀለማማ ናቸው ፤ ልዕለ ኃምራዊ ቀለምም ፤ ቀለም ነውና። ነገር ግን ቀይ ቀለም ለንቦች እንደማይታያቸው ፤ ተመራማሪዎቹ ይሉናል። ስለዚህ ቀይ ብቻ ቀለም ያላቸው አበቦች (ወይም ቀይ ብቻ ቀለም ያለው ምንም ነገር) ጥቁር መስሎ እንደሚታያቸው ይታሰባል። ሆኖም በጥንቃቄ ሲታይ ቀይ አበቦች ፤ በድራብ ስስ የሆነ ሌላ ቀለም ፤ ለምሳሌ ሠማያዊ ቀለም ሊኖራቸው ይችላል። ንቦች ደግሞ ይኸን ቀለም ማየት ይችላሉ። ከዚህ መተጨማሪም የተለያዩ አበቦች ለንቦች መታየት የሚችሉ ልዕለ ኃምራዊ ጨረርን በተለያየ መጠን ሊያንጸባርቁ ይችላሉ። የንቦች ዐይን የሰው ልጅ ዐይን መመልከት የማይችላቸውን ልዕለ ኃምራዊ የብርሃን ሞገዶችን በማየት እጅግ የበለጸገ ቢሆንም ትንንሽ ነገሮች የማየት አቅሙ ደካማ ነው።

ቀስተ ደመና

የሰውን ልጅ ቀልብ ከሳቡ ተፈጥሯዊ ክስተቶች አንዱ ቀስተ ደመና ነው፡፡ ኢትዮጵያውያን ለሰንደቅ ዐላማቸው መነሻ ቀስተ ደመናን እንደ መነሻነት ይጠቅሳሉ፡፡ በርግጥ የኢትዮጵያ ሰንደቅ ዐላማ መደብ ያሉት ከቀስተ ደመና ቀለማት ለዐይን በጉልህ የሚታዩት ሦስት አረንጓዴ ፤ ቀይ እና ቢጫ ቀለማት ናቸው ፤ ብርቱካናማው ከቀዩም ከቢጫውም ጋር ተደምሮ ስለሚታይ በኢትዮጵያ ሰንደቅ ዐላማ ውስጥ የብቻ መደብ አልተሰጠውም፡፡ ቀስተ ደመና ደግሞ ለሰው ዐይን ከሱት የሆኑ ሰባት ቀለማት አሉት፡፡ የቀስተ ደመናን ሥሪት እና ይዘት ብዙ ሊቃውንት አትተውበታል፡፡ በቤተሙከራዎች መሠረታዊ ይዘቱን አጥንተዋል፡፡ ከ350 ከክርስቶስ ልደት በፊት አሪስጣጣሊስ ሜቲዎሮሎጅ በተሰኘው የመጽሐፉ ክፍል (አሪስጣጣሊስ, 384–322 ዓዓ ፤ <u>፲፱፻፸፬</u> ዓም የታተመ) ለቀስተ ደመና ተፈጥሮ እና አመሠራረት አጽንኦት ስጦቶ ሐተታ አድርጓል፡፡ በሐተታው የቀስተ ደመናን ሥነሥፍራዊ ጸባይ ፤ ከግማሽ ክብ አለመብለጡን ፤ መጠነ ዘሪያው ከፀሐይ መዓርግ አንጻር ያለውን ዝምድና ፤ በአንድ ጊዜ ከሁለት በላይ ቀስተ ደመናዎች እንደማይታዩ እንዲሁም የቀለማቱን የአቀማመጥ ቅደም ተከተል ፤ በውስጠኛው እና በብሩኑ ቀስተ ደመና የቀስተ ደመናው ቀለማት ቀዩ ቀለም የቀስቱ የውጨኛ የሆነበት ቅደም ተከተል ሲኖራቸው በውጨኛው እና በፈዛዛው ቀስተ ደመና የቀለማቱ ቅደም ተከተል እንደሚገለበጥ እና ቀዩ የቀስቱ የውስጠኛ ክፍል

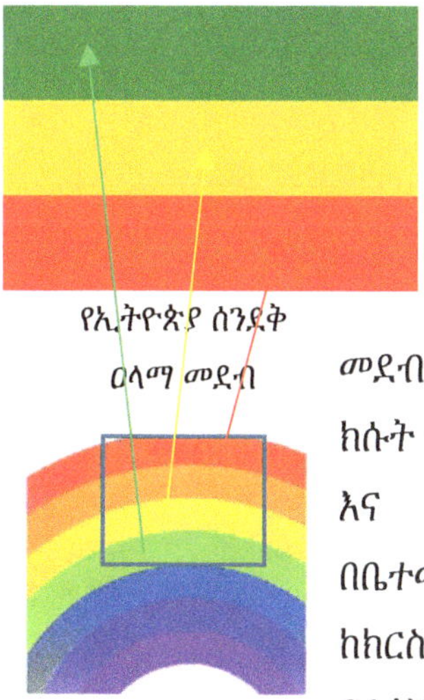

የኢትዮጵያ ሰንደቅ
ዐላማ መደብ

እንደሚሆን አትቢል። የቀስተ ደመና ምክንያትም ከጥቃቅን የዝናብ ጠብታዎች ላይ የሚሆን የዕይታ ጽብረቃ መሆኑንም አስቀምጧል። የአሪስጣጣሊስ የዕይታ ጽብረቃ ንድፈ ሐሳብ ዕይታ ከዐይን በሚወጣ ጨረር ነው ከሚለው ከፕላቶ እና ከዩክሊድ የዕይታ ንድፈ ሐሳብ ጋር ይስማማል። የቀስተ ደመና ቀለማትንም እንዲሁ በርቀት እና በሚጸበርቅበት ቁስ ብሩነነት እና ጸሊምነት ምክንያት የሚመጣ የዕይታ ደማቅነት እና ፈዛዛነት የፈጠራቸው እንደሆነ ለመግለጥ ሞክሯል ፣ ቁጥራቸውንም ሦስት ወይም አራት ያህል መሆናቸውን አትቢል። በዚህ ንድፈ ሐሳቡ አሪስጣጣሊስ ለዘመኑ ፈር ቀዳጅ ነው ፣ ከርሱም በኋላ ለመጡት የመነሻ ሐሳብ ስጥቷቸዋል። የቀስተ ደመና ምክንያት የፀሐይ ብርሃን ከዝናብ ጠብታዎች ሲንጸባረቅ መሆኑን ያተተው ሉቪየስ አናኦስ ስኔካ የተባለ ሐታቲ ነው (Corradi, 2016)። ስኔካ የብርሃን ጨረር በብርጭቆ ውስጥ ሲያልፍ የሚፈጥረውን የቀለማት ጥልፍ መመልከት እንደሚቻል አመልክቷል። የፉርስ እና የዐረብ ተመራማሪዎች በቀስተ ደመና ክስተት ላይ የአሪስጣጣሊስን ዕይታ ያሻሻለ ሐተታን አድርገዋል። ከነዚህም ውስጥ አልሐዘን (አል ሐይታም) በሥነበሲር መጽሐፉ (al-Haytham, 1989) የቀስተ ደመና ክስተት ምክንያት የብርሃን ጽብርቀት እና ስብረት መሆኑን ፣ በጥቁር ደመና ውስጥ ሳይሆን በጥቁር ደመናና በተመልካች መካከል ባለ ከጥቁር ደመና ጠርዝ ላይ ባለ ጉም እንደሆነ እና ጥቁሩ ደመና ከጀርባው ልክ እንደ መስታወት ጀርባ የብር ቅብ ዐይነት ተግባር እንዳለው ቀለማቱም በጉሙ ውስጥ በተንጠለጠሉ የውኃ ጠብታዎች የብርሃን ፍርስት

(decomposition) እንደሆነ አቅርቧል። ከአልሃዝን በኋላ በክስተቱ ላይ ሐተታ ያደረጉ ብዙ የፋርስ እና የዐረብ ሊቃውንት እንዳሉ ከሁለተኛ ምንጭች ብረዳም የሥራቸውን የእንግሊዝኛ ትርጉም በተሟላ ለማግኘት አልቻልኩም። ከሁለተኛ ምንጮች እንደተረዳሁት ይኸንኑ ተከትለው አልሺራዚ እና ተማሪው ከማል አልዲን ክስተቱን የሚገልጥ ሒሳባዊ ሐተታ ሰጥተዋል (Corradi, 2016)። የሒሳባዊ ሐተታውን ይዘት አላገኘሁም። እንደዚሁም የቻይና ሊቃውንትም ፣ ከነዚህም ተጣቃሾች የሆኑት ሱን ሱ ኩንግ እና ሽን ኩ የቀስተ ደመናን ክስተትን የሚያስገኘው የፀሐይ ብርሃን በደመና ጠብታዎች ላይ ማረፍ እንደሆነ አትተዋል (Encyclopedia.com, 2023)። ከዚህ በኋላ የአውሮፓ ሐታትያን ክስተቱን ከ13ኛው መቶ ክፍለዘመን ጀምሮ እስካለንበት ዘመን ድረስ አበልጽገውታል። በተለይም የአልሐዘን የሥነበሲር መጽሐፍ ወደ ላቲን በ12ኛው መቶ ክፍለ ዘመን አካባቢ በመተርጎሙ ፣ የአሪስጣጣሊስም ሥራዎች በአውሮፓ ምሁራን ስለሚታወቁ የአውሮፓ ፈላስፎች ፣ የሒሳብ እና የፊዚካ ተመራማሪዎች ለክስተቱ ትኩረት እንዲሰጡት ሳያነሳሳቸው አልቀረም። ከዚህ ውስጥ አልበርቱስ ማግኑስ የቀስተ ደመና ክስተት በብርሃን ጽብርቀት ብቻ ሳይሆን በብርሃን ስብረትም ጭምር የሚከሰት መሆኑን አትቷል። ሮገር ቤከን የተባለ እንግሊዛዊ ፈላስፋ ብርሃንን በከሪስታሎች እና በውኃ ጠብታዎች ውስጥ በማሳለፍ የብርሃን ጨረሮችን የጽብርቀት እና የስብረት ዘዌዎች ለመለካት ሞክሯል። በ14ኛው መቶ ክፍለ ዘመን መጀመሪያ ላይ የፍሪይበርቱ ቴዎዶሪክ ሙከራዎችን በመሥራት የክስተቱን መሠረት

የፀሐይ ብርሃን በውኃ ጠብታዎች ውስጥ በመግቢያው እና በመውጫው በሚያደርገው ስብረት እና በጠብታዎቹ ውስጥ በሚያደርገው ፅብርቀት ምክንያት እንደሆነ ገልጿል። ቀለማቱ ደግሞ በጨለማ እና በብሩኅነት መቀላቀል የሚፈጠሩ እንደሆኑ አስቧል። ከዚህ በኋላም ብዙዎች በቤተሙከራ ሥራ እና በመላ ምት የከስተቱን ተፈጥሯዊ ባሕርይ ለዘመናዊ ሳይንስ ሐተታ አቀባበለዋል። በ16ኛው መቶ ክፍለዘመን ሬኔ ደስካርትስ በከስተቱ ላይ ሠፊ ሐተታን እና የሙከራ ሥራ ውጤትን አቅርቧል (Dika, 2023)። ዴስካርተስ የብርሃንን ስብረት ሕግ እና የስኔልን (ምናልባት በራሱ ደርሶበት) የብርሃን ፅብረቃ ሕግ ያጣመረ ሒሳባዊ ሐተታ ስጥቷል። ሉላዊ ቅርፅ ባለው የብርጭቆ ውኃ የፀሐይ ብርሃንን በማሳለፍ እና የሚውጡትን ጨረሮች ዘዌ በመለካት የተቀዳሚውን እና የሁለተኛውን የቀስተ ደመና አፈጣጠር ገልጿል። የደረሰበት መደምደሚያም በውስጥ አንድ ብቻ ፅብርቀት የሚያካሂዱ ጨረሮች ለተቀዳሚው ቀስተ ደመና ከስተት ምክን ያት ሲሆኑ ፣ ሁለት ፅብርቀት የሚያካሂዱት ደግሞ ለተከታዩ (ፈዛዛው) የቀስተ ደመና ከስተት ምክንያት እንደሆኑ ነበር። ይህ ንድፈ ሐሳብ እስካሁንም ተቀባይነት ያለው ነው። የቀለማቱን አመሰራረት ግን ኒውተን (Newton, 1730) ብርሃን የቀለማቱ ሁሉ ድምር መሆኑን እስከደረሰበት ድረስ በውል ያወቀ አልነበረም። ኒውተን የብርሃን ጨረሮችን ብርሃን አሳላፊ በሆነ ዐምድ ውስጥ በማሳለፍ ወደ ሰባቱ ርኡይ ቀለማት በማፍረስ ነጭ ብርሃን የነዚህ ቀለማት ድምር እንደሆነ አሳይቷል።

የስው ልጅ የቀስተ ደመናን ኪናዊ ፍጥረት በተደምሞ ተመልክቶ አላቆመም። ለምን? የሚለውን ጥያቄ ለመመለስ ብዙ ራሶች ለፈቲን ቀርበው እዚህ አድርሰውታል። ይህ ሁሉ ሐተታ ግን የቀስተ ደመናን ቀልብ ሳቢነት ፥ ኪነታዊ እና ምስጣዊ ዕሴት አይቀንሰውም።

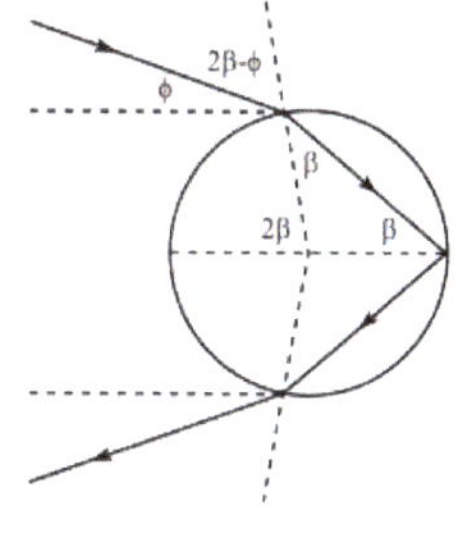

እስኪ ብሩኁን የቀስተ ደመና ክስተት የሚያስከትለውን የብርሃን ጨረር በውኃ ጠብታ ውስጥ ጽብረቃ እና ስብራት ሒሳባዊ ስሌት እንመልከት (www.physics.harvard.edu)። የዝናብ ጠብታው ሉላዊ ቅርጽ ይኑረው። ቀስተ ደመናው የሚታይበት ዘዌ 2φ ይሁን። የብርሃን የውስጥ መንጸባረቂያ ዘዌው 2β ይሁን። የፀሐይ ብርሃን ጠብታው ላይ የሚያርፍበት ዘዌ $2\beta - \varphi$ ያህል ይሆናል። የውኃ የንጻሬ ስብረት n ቢሆን በስኔል የጽብርቀት ሕግ መሠረት

$$\sin(2\beta - \varphi) = n \sin\beta$$

$$\varphi = 2\beta - \arcsin(n \sin\beta).$$

ቀስተ ደመና የሚፈጠረው φ ከβ አንጻር ትልቅ ሲሆን ነው። ይኸን ዘዌ የከፍታ ሥነስሌት (አንተነህ ብሩ, የቅምሮች እና የቀስቶ ሥፍሮች ሥነ-ስሌት, 2024b) በመተግበር ማለትም $\dfrac{\partial \varphi}{\partial \beta} = 0$ን በመፈለግ እንደሚከተለው ማግኘት ይቻላል።

$$\beta_{\varphi_{max}} = \cos^{-1}\left(\frac{2\sqrt{n^2-1}}{\sqrt{3}n}\right)$$

የውኃ ንጻሬ ስብረት ለተለያዩ የብርሃን የሞገድ ርዝመቶች ትንሽ ትንሽ ይለያያል። ለምሳሌ ለቀዩ $n = 1.330$ ሲሆን ለሰማያዊው $n = 1.343$ ነው። በዚህም መሠረት ለቀዩ $2\varphi = 42.5°$ ሲሆን ለሰማያዊው $2\varphi = 40.6°$ ነው።)

ምዕራፍ ፫: የአንጻራዊነት መርኅ የኒውተን ሕግጋት እና የማክስዌል ቀመሮች

በዚህ ምዕራፍ የአንጻራዊነትን ምርኅ ፤ የኒውተንን የእንቅስቃሴ ሕጎች የጋሊሊዮ የመቸት መስተዛምድ ሲተገበርባቸው የአንጻራዊነት መርኅ ስለመጠበቃቸው ፤ የማክስዌል የሞገደ መብርኄመግነጢስ ቀመሮች ግን ስለአለመጠበቃቸው ፤ የፊዛው ፍተሻ የብርሃን ማኅዘር የጋሊሊዮን የመቸት መስተዛምድ እንደማይከተል ጥርጥሬ ስለማስነሳቱ እና በመጨረሻም የማይክልሰን እና የሞርሌይ ፍተሻ የብርሃንን ፍጥነት በገዋ ውስጥ አይለወጤ መሆኑን ማሳየቱን እናቀርባለን። አንባቢው (አንተነህ ብሩ, የቅምሮች እና የቀስቶ ሥፍሮች ሥነ-ስሌት, 2024b)ን ቀድሞ ቢያነብ በምዕራፉ ውስጥ ያሉ ሒሳባዊ ሐተታዎችን ለመረዳት ይቀላል።

ዋቢ ሥርዓት

ለሚቀጥለው ትንተናችን አስፈላጊ የሆኑ መሠረታዊ ብይኖችን ቀጥለን እናስቀምጣለን።

ብይን ፩:-_መቸት_ በሥነ-ጽሑፍ ትምህርት የታወቀ ቃል ነው። መቸ እና የትን በማያያዝ የተዋቀረ ቃል ነው። በዚህ መጽሐፍ አጠቃቀም የጊዜ እና የቦታን (የጊዜ-ቦታን) ቅንብር ለመግለጽ እንጠቀምበታለን። የአንድ ነገር መቸ የት ስንል ፤

በጊዜ-ቦታ የቅንበር ሥርዓት ውስጥ ነገሩ ከተወሰነ መነሻ አንጻር ያለበትን ቦታ እና በራሱ ወይም አመች በሆነ የጊዜ መለኪያ ያለበትን የአሁን ጊዜ መረጃ ባንድ ላይ የያዘ ነው። የአንድን ቁስ አካል ከ(ድሮ ፤ እዚያ) እስከ (አሁን ፤ እዚህ) ያለውን ቆይታና ርቀት ባንድ የያዘ መረጃ ነው። የነገሩ የቦታና የጊዜ ትርክት በመቻት የቅንበር ሥርዓት ውስጥ ሲተለም ፤ መሥመሩን የመቻት መሥመር ፤ የመቻት ፈለግ ወይም ፈለግ-መቻት እንለዋለን።

ብይን ፯፦ ዋቢ ሥርዓት የቁሳቁስን የሁነት ሕግ እና ሥርዓት ለመመልከት እና ለመቀመር የምንጠቀምበት ፤ ተመልካችን ፤ የቅንበር ሥርዓትን ፤ የጊዜ መለኪያ የያዘን የሐሳብ ሥርዓት ነው።

ብይን ፰፦ ነባሬ ዋቢ ሥርዓት በመቻት የቅንበር ሥርዓት በብይን የመቻት መስመሩ በጊዜ አውታር ላይ ብቻ ላይ የሆነ ዋቢ ሥርዓት።

ብይን ፱፦ ተንኚ ዋቢ ሥርዓት ከነባሬ ዋቢ ሥርዓቱ አንጻር በወጥ ቶሎታ የሚንቀሳቀስን ዋቢ ሥርዓት።

ብይን ፲፦ ፍዙዝ ዋቢ ሥርዓት አንዱ ከአንዱ አንጻር በወጥ ቶሎታ የሚንቀሳቀሱ ዋቢ ሥርዓቶች።

የአንጻራዊነት መርሳ

ኒውተን በፕሪንቺፒያ (መርኖች) መጽሐፉ የአንጻራዊነትን መርሳን እንደሚከተለው ይገልጸዋል።

«አንድ ቦታ ነባሬም ይሁን በወጥ ቶሎታ አለ መታጠፍ በቀጥታ መሥመር ይጓዝ ፥ በቦታው የሚሆኑ የቁሳቁስ የእንቅስቃሴ ሕጎች አንድ ዐይነት ናቸው።»

ለዚህ እንደ ማረጋገጫ በመርከብ ላይ ሊደረግ የሚችልን ሙከራን ጠቅሷል። ከኒውተን ቀድሞ ጋሊሊዮ ምድር በእንቅስቃሴ ላይ መሆኗን (ልትሆን እንደምትችል) ለማስረዳት ተመሳሳይ ገለጻን ተጠቅሞ ነበር። የጋሊሊዮ ገለጻ እንደሚከተለው ነው።

«ከጉዋደኛህ ጋር በትልቅ መርከብ ውስጥ በዋናው ክፍል ውስጥ ዝጋ። አብረውህም ዝንቦች ፥ ቢራቢሮዎች ሌሎችም ጥቃቅን በራሪ ነፍሳት ይኑሩ። ... በስሩ ወዳለ ሰፊ ጎድጓዳ ሣህን ውኃ ጠብታ በጠብታ የሚያፈስ ጠርሙስ ስቀል። እንቅስቃሴዋ ወጥ እና ወደዚህ እናወደዚያ ከፍዝቅ የማይል እስከሆነ ድረስ መርከቧ በፈቀድኸው ፍጥነት እንድትንቀሳቀስ አድርግ። ... ምንም እንኳን ጠብታዎቹ በአየር ላይ እንዳሉ መርከቧ ብዙ ርቀት ብትጓዝም ቅሉ፥ ጠብታዎቹ ከሣህኑ ውጭ ሳይወጡ ወደ ሳህኑ ውስጥ ይንጠባጠባሉ። ... ቢራቢሮዎችም ፥ ዝንቦችም በረራቸውን ወደ ተለያየ ቦታ ያለመሰናከል ይቀጥላሉ። ከመርከቧ ጋር አብሮ መጓዝ እንዳይከማቻቸውም ሁሉ ወደ ኋላ ይከማቿ ዘንድ በፍጹም አይሆንም። ...»

ወደ ውጭ እስካልተመለከትህ ድረስ ያለህበት ቦታ ነባሪ ወይም በወጥ ፍጥነት ይንዝ ማወቅ አትችልም።:- ይህ መርን የአንጻራዊነት መርን ይባላል።

የአንጻራዊነት መርንን ለሒሳባዊ ትንተና እንዲመች

በማይመነጠቁ (ቶሎታቸው ወጥ በሆነ) ዋቢ ሥርዓቶች ሁሉ የፊዚካ ሕጎች ቅርጽ አንድ ዐይነት ነው።

በሚል አጭር ዐረፍተ ነገር ይገለጻል።

የነውተን ሕጎች ከአንጻራዊነት መርን አንጻር

የነውተን ሕጎች ይህንን መርን ማሟላታቸውን እንፈትሽ። ነውተን እሙን ናቸው ያላቸው የመቻት ባሕርያትን እናስታውስ (ነውተን, ፲፮የ፹፯)

- ሁሉም ፍዘዝ ዋቢ ሥርዓቶች አንድ ዐይነት የጊዜ ፍሰት ይጋራሉ። አሃድ የጊዜ ቆይታ በሁሉም ፍዘዝ ዋቢ ሥርዓቶች እኩል ነው።

- ፍጹም ቦታ አለ። ፍጹም ቦታ ምንም ውጫዊ ነገር ሳያስፈልገው ፤ በራሱ ተፈጥሮ ፤ ሁልጊዜም አንድ ዐይነት እና የማይንቀሳቀስ ነው። ፍዘዝ ዋቢ ሥርዓት ከፍጹም ቦታው አንጻር ወጥ አንጻራዊ እንቅስቃሴ ላይ የሆነ ዋቢ ሥርዓት ነው።

ሁለት ፍዙዝ ዋቢ ሥርዓቶችን እናስብ። አንደኛው ዋቢ ሥርዓት በመቸት የቅንብር ሥርዓት x'-t' ይገለጽ። ሁለተኛው ደግሞ በመቸት የቅንብር ሥርዓት x'-t' ይገለጽ። ሁለተኛው ዋቢ ሥርዓት ከአንደኛው ዋቢ ሥርዓት አንጻር በx -አቅጣጫ በወጥ ቶሎታ v ይንዝ። የሁለቱ የመቸት ቅንብር በሥዕላዊ መግለጫው ላይ ተነድፏል። የሁለቱም የጊዜ መለኪያዎች መነሻቸው እንዲናበብ ይሁን። ቆይታ በሁሉም ፍዙዝ ዋቢ ሥርዓቶች እኩል ነው የሚለውን የኒውተንን ሐሳብ ከተቀበልን የሁለቱ ዋቢ ሥርዓቶች የጊዜ መለኪያዎች ፤ አንዱ ካንዱ አንጻር ምንም ያህል ወጥ ቶሎታ ቢኖራቸውም ፤ እኩል የጊዜ ቆይታ ያነባሉ። ሁለቱም በየራሳቸው የመቸው የውቅንበር ሥርዓት ውስጥ አንድን የመቸት ሁነት ያጢኑ። ሁለቱ ዋቢ ሥርዓቶች የሁነቱን መቸት በየራሳቸው የመቸት ቅንብር ቢዘግቡ ፤ የሚከተለው ዝምድና እውን ነው።

$$x' = x - vt \text{ ፤ } t = t' \qquad (21)$$

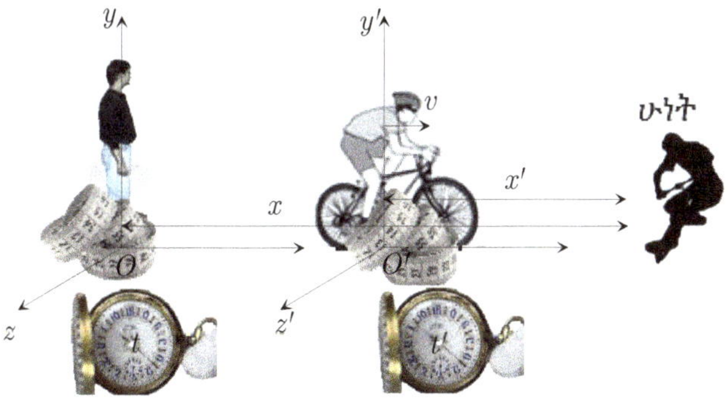

ሥዕላዊ መግለጫ 1፤ ሁነት በተንንቸ እና በነባሪ ዋቢ ሥርዓት ምስክርነት

እነዚህ የመቸት ዝምድናዎች የጋሊሊዮ የመቸት መስተዛምድ ይባላሉ::

በመቀጠል የቀስቶ ሥፍር x' ን ፍጥነ-ለውጥ እናስላ:: በሁለቱ ፍዙዝ ዋቢ ሥርዓቶች መካከል ያለውን የቶሎታ ልዩነት እንደሚከተለው እናገኛለን:: በኒውተን ሥነ-እንቅስቃሴ የፍጥነት ወሰን የለም::

$$\frac{dx'}{dt} = \frac{dx}{dt} - v \qquad (22)$$

ሁለተኛ ፍጥነ-ለውጥ በማስላት የሚከተለውን እናገኛለን::

$$\frac{d^2x'}{dt^2} = \frac{d^2x}{dt^2} \qquad (23)$$

ሁነቱ በሁለቱም ዋቢ ሥርዓቶች እኩል <u>ምንጠቃ</u> ይኖረዋል:: በተጨማሪም መጠነ-ቁስ በሁሉም ፍዙዝ ዋቢ ሥርዓቶች አይለወጤ ከሆነ ፤ የኒውተን ሕጎች በአንደኛው እውን ከሆኑ በሌሎቹም ፍዙዝ ዋቢ ሥርዓቶች እንዲሁ ይሆናሉ:: ማለትም ፤ የኒውተን ሕጎች በሁሉም ፍዙዝ የመቸት የቅንብር ሥርዓቶች አንድ ዐይነት ቅርጽ አላቸው:: ስለዚህም የጠጣር ነገር እንቅስቃሴያችን (ሜካኒካዊ ሙከራዎችን) በማድረግ ሥርዓቱ ነባሬ ወይም ተንቃ መሆኑን ማወቅ አይቻልም::

የማክስዌል ቀመረ መብርሃመግነጢሰት እና አንጻራዊነት

የኒውተን ሕግጋት በጋሊሊዮ የመቸት መስተዛምድ የአንጻራዊነት ሕግን እንደሚጠብቁ ዐይተናል:: የአንጻራዊነት ሕግ ግን የኒውተን ሕግጋትን ብቻ

የሚመለከት መርን አይደለም ፥ የትኞቹንም የፊዚካ ሕጎች
እንጅ። የአንጻራዊነት መርን በሁሉም ፍዙዝ ዋቢ ሥርዓቶች
የሚከበር ሕግ ከሆነ ፥ እንደዚሁም የማክስዌል
የመብርሄመግነጢሰት ቀመሮች የፊዚካ ሕግ ናቸው ብለን
ከተቀበልን ፥ እነርሱም ልክ እንደ ኒውተን ሕጎች ሁሉ ፥
ይኸን የአንጻራዊነትን መርን ሊያከብሩ ይገባል።

እናስታውስ። ከማክስዌል ቀመሮች በመነሳት
የመብርሄመግነጢሰት ሞገድን የልውጠት እኩልዮሽ
(differential equation) አግኝተን ነበር። ቀመሩን
ለጠለል ሞገድ በ$x - t$ ዋቢ ሥርዓት እንደሚከተለው
መጻፍ እንችላለን።

$$\frac{\partial^2 \psi(x,t)}{\partial x^2} - \frac{1}{c^2}\frac{\partial^2 \psi(x,t)}{\partial t^2} = 0 \quad (24)$$

ይኸንኑ ሞገድ የጋሊሊዮን የመቸት የመስተዛምድ ቀመር
በመጠቀም በ$x' - t'$ ዋቢ ሥርዓት እንመልከተው።

$$x' = x - vt \vdots t' = t \qquad (25)$$

የልውጠት ስንሰለት ሕግን በመተግበር የሚከተለውን
እናገኛለን።

$$\frac{\partial}{\partial t} = \frac{\partial}{\partial t'}\frac{\partial t'}{\partial t} + \frac{\partial}{\partial x'}\frac{\partial x'}{\partial t}$$
$$= \frac{\partial}{\partial t'} - v\frac{\partial}{\partial x'} \qquad (26)$$

$$\frac{\partial^2}{\partial t^2} = \left(\frac{\partial}{\partial t'} - v\frac{\partial}{\partial x'}\right)\left(\frac{\partial}{\partial t'} - v\frac{\partial}{\partial x'}\right)$$

$$= \frac{\partial^2}{\partial t'^2}$$

$$- 2v\frac{\partial^2}{\partial x'\partial t'}$$

$$+ v^2\frac{\partial^2}{\partial x'^2}$$

$$\frac{\partial}{\partial x} = \frac{\partial}{\partial t'}\frac{\partial t'}{\partial x} + \frac{\partial}{\partial x'}\frac{\partial x'}{\partial x} = \frac{\partial}{\partial x'}$$

$$\frac{\partial^2}{\partial x^2} = \frac{\partial^2}{\partial x'^2}$$

በቀዱ.(24) ያገኘነውን ድርብ የከፊል ፍጥነ-ልውጠት ዝምድና በሞገድ ቅምሩ ላይ በመጠቀምና በc^2 በማካፈል የሚከተለውን የሒሳብ ሐረግ እናገኛለን

$$\frac{1}{c^2}\frac{\partial^2\psi}{\partial t^2} = \frac{1}{c^2}\frac{\partial^2\psi}{\partial t'^2} - \frac{2v}{c^2}\frac{\partial^2\psi}{\partial x'\partial t'} \qquad (27)$$

$$+ \frac{v^2}{c^2}\frac{\partial^2\psi}{\partial x'^2}$$

በመቀጠል በመቻት ቅንብር $x - t$ ያለውን የሞገድ እኩልዮሽ በመጠቀም የሚከተለውን ቅርጽ በመቻት ቅንብር $x^{'} - t^{'}$ እናገኛለን።

$$-\frac{1}{c^2}\frac{\partial^2\psi}{\partial t'^2} + \frac{2v}{c^2}\frac{\partial^2\psi}{\partial x'\partial t'}$$

$$+\left(1 \right. \tag{28}$$

$$\left. -\frac{v^2}{c^2}\right)\frac{\partial^2\psi}{\partial x'^2} = 0$$

በ$x - t$ እና በ$x' - t'$ ያለውን የሞገድ ቅርጽ ስናነፃጽር የተለያዩ ሆነው እናገኛቸዋለን። ስለዚህ የማክስዌል ቀመሮች በጋሊሊዮ የመቻት መስተዛምድ ሕግ ከአንዱ ፍዙዝ ዋቢ ሥርዓት ወደ ሌላው ፍዙዝ ዋቢ ሥርዓት ሲሻገሩ ቅርጻቸውን ይለውጣሉ። በዚህም ምክንያት በጋሊሊዮ የመቻት መስተዛምድ ቅርጽ አይለውጤ አይደሉም። በጋሊሊዮ የመቻት መስተዛምድ የአንጻርዊነት ሕግን ይጥሳሉ። በሁለቱን የመቻት የቅንበር ሥርዓትች የሞገዱ ቅርጽ የማይለወጠው $v = 0$ የሆነ እንደሆነ ብቻ ነው።

የት ላይ ነው ችግሩ? ከሚከተሉት ባንዱ ምክንያት ሊሆን ይችላል።

- የአንጻራዊነት መርን ሁለገብ የተፈጥሮ መርን አይደለም ፥ የመብርሂመግነጢሰት እንቅስቃሴን በመጠቀም አንድ ነገር ዕሩፍ ይሁን ተንጓዥ ይሁን ወደ ውጭ ማየት ሳያስፈልግ ማወቅ ይቻላል።

- የጋሊሊዮ የመስተዛምድ ቀመሮች ስሕተት ናቸው።

- የማክስዌል ቀመሮች ስሕተት ናቸው። የፊዚኪ ሕግ አይደሉም።

በዕለት ከዕለት ሁነቶች ማረጋገጥ እንደምንችለው ፥ በፍዙዝ ዋቢ ሥርዓቶች የአንጸራዊነት መርን የተከበረ ነው። ይኸ መርን ሁለ ገብ የተፈጥሮ መርን ነው የሚለውን በይሁንታ እንቀበል። ማክስዌል ያስተጸመራቸው ቀመሮች በቤተሙከራ የተፈተሹ ዕውቀቶችን ነው። የማክስዌል ቀመሮች የሙብርሄመግነጢሰት ሞገድን ሙግደት በሚገባ የሚገልጹ የተፈጥሮ ሕጎች ናቸው የሚለውንም ለጊዜው እንቀበል። የጋሊሊዮን የመቻት መስተዛምድ ቀመሮች እንፈትሽ። ቀድመን እንዳመለከትነው ብርሃን የሙብርሄመግነጢሰት ሞገድ መሆኑ የ፲፱ ነኛው መክዘ በሊቃውንት መካከል ስምምነት የተደረሰበት መሆኑን ጠቀምን ነበር። በዚያኑ ጊዜም የብርሃንን ጨረራ በመፈተሽ ፥ የጋሊሊዮን ሽግግር ቀመር ስምም መሆን እና አለመሆን ለማረጋገጥ ተሞክሯል። የማክስዌልን ቀመሮች ቀጥታ መጠቀም ስለማይጠበቅብን ፥ ወጤቶቹ የማክስዌል ቀመሮች ስሕተት ይኑርባቸውም አይኑርባቸውም የሚፈጥሩት አንዳች ተጽእኖ አይኖርም። ከታወቁት የቤተሙከራ ሥራዎች ሁለቱን አስከትለን እናቀርባለን።

የፊዞው ፍተሻ (Fizau, 1860)

የፊዞው ፍተሻ በመባል የሚታወቀው በአርማግንድ ሂፖሊተ ሉይስ ፊዞው (ፈረንሳዊ የፊዚካ ተመራማሪ) በ፲፰፻፶፮ እ.አ.አ. በቱቦ ውስጥ በሚጓዝ ውኃ ውስጥ የብርሃንን አንጸራዊ ፍጥነት ለመለካት የተደረገ የቤተሙከራ ሥራ ነው።

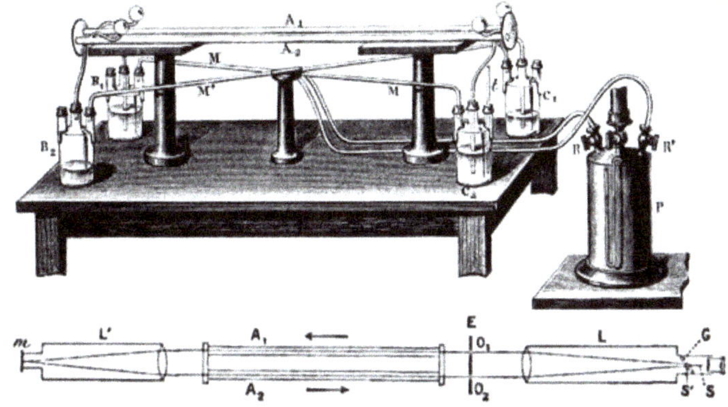

ሥዕላዊ መግለጫ 2 የፊዞው የሙከራ መሣሪያ

የፍተሻው አተገባበር እንደሚከተለው ነው።

- የብርሃን ጨረር ከምንጩ ተነስቶ በጨረር ፈንካች
  (beam splitter) ወደ ሁለት ይፈነከታል።

- በምስሪት ውስጥ በማሳለፍ የሁለቱ ጨረር
  አቅጣጫዎች ትይዩ እንዲሆኑ ይደረጋል።

- ሁለቱም ጨረሮች በየግል ስንጥቆች እንዲያልፉ
  ይደረጋል። ተከትሎም ጨረሮቹ በቱቦዎቹ ውስጥ
  ያልፋሉ።

- በቱቦዎቹ ውስጥ ፡ በአንደኛው ውኃ ወደ ቀኝ
  በሌላኛው ወደ ግራ (በሥዕሉ ላይ
  እንደተመለከተው) ይፈሳል።

- ጨረሮቹ ከመነሻቸው በተቃራኒ በኩል በተቀመጠ
  መስታዎት ተንጸባርቀው በምስሪት ውስጥ
  አልፈው ትይዩ በመሆን በቱቦዎቹ ውስጥ አልፈው
  ወደመነሻቸው ይኔዳሉ። በዚህ አወቃቀር
  አንደኛው ጨረር ከውኃው ፍስት በተቃራኒ

አቅጣጫ ሌላኛው ደግሞ በተመሳሳይ አቅጣጭ
ይሆናሉ፡፡

- ጨረሮቹ በቱቦዎቹ ውስጥ ወደፊት እና ወደኋላ
ከተጓዙ በኋላ በS በተሰየመው ቦታ ላይ ሲገናኙ
ጥልፍልፍ ጎዳግ (interference fringe)
ይሰጣሉ፡፡ ይህ ጥልፍልፍ ጎዳግ በጨረሮቹ ምንጭ
በኩል ባለ መነጽር ይታያል፡፡

  - የጥልፍልፉ ስብጥር (interference
  pattern) ፣ በሁለቱ ቱቦዎች ውስጥ ብርሃን
  ያለውን ፍጥነት ለመወሰን ያገለግላል፡፡

- ሁለቱ የብርሃን ጨረሮች በተመልካቹ ዘንድ
ሲገናኙ የሚሠሩት ጥልፍልፍ ጎዳግ የብርሃንን
ፍጥነት ለማስላት ያስችላል፡፡

ውኃው በቱቦው ውስጥ የሚፈስበት ቆሎታ v ይሁን፡፡
የውኃው ንጸሬ ስብረት n ይሁን፡፡ ፌዛው ያገኘው የውኃውና
የብርሃን ጨረሩ የጉዞ አቅጣጫ አንድ ዐይነት በሆነበት ቱቦ
ውስጥ ያለው የብርሃን አንጻራዊ ፍጥነት በሚከተለው
ዝምድና የተገለጸ ነበር፡፡

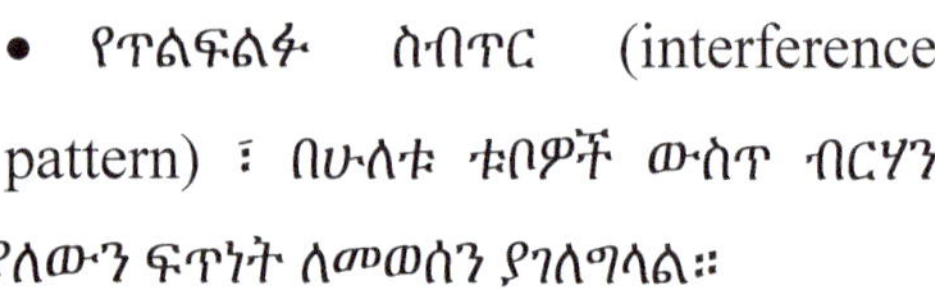

$$w_+ = \frac{c}{n} + v\left(1 - \frac{1}{n^2}\right) \qquad (29)$$

የክላሲካል ሥነ-እንቅስቃሴ የቆሎታ ድመራ መርኅ የሚሠራ
ቢሆን ኖሮ

- ብርሃን በውኃው አቅጣጫ ሲሄን እና በውኃው
《ሲጎተት》 ከተመልካቹ አንጻር የሚኖረው

ፍጥነት የብርሃን ፍጥነት በውኃ ውስጥ ሲደመር
የውኃው ፍጥነት ይሆን ነበር።

$$w_+ = \frac{c}{n} + v \tag{30}$$

- የብርሃን ጨረሩ ከውኃው የጉዞ አቅጣጫ
  በተቃራኒ ሲጓዝ ደግሞ ለተመልካቹ
  እንደሚከተለው ቀንሶ ይታይ ነበር።

$$w_- = \frac{c}{n} - v \tag{31}$$

የፊዛው ግኝት በልሙድ (ኒውተናዊ) ሥነ-እንቅስቃሴ
መርኖች ላይ ጥርጣሬ እንዲነሳ አድርጓል። የብርሃን ጉዞም
በኒውተናዊ የሥነእንቅስቃሴ ሕግጋት ውስጥ መካተት
የሚችል እንዳልሆነ አሳይቷል። ብዙ ተመራማሪዎች
የፊዛውን ፍተሻ ደግመው በመተግበር አረጋግጠውታል።
ሌሎችም አሻሽለውታል። ከነዚህም ውስጥ አልበርት
ማይክልሰን እና ኤድዋርድ ሞርለይ በፊዛው የፍተሻ ሥራ
ላይ ደካማ ያሏቸውን በመቀጠል የተዘረዘሩትን ነጥቦች
በማሻሻል የፍተሻ ዕቃውን ገንብተው ሙከራውን
ተግብረዋል።

- በቴቦዎቹ ጫፎች ለውጠ ቅርጽ (deformation)
  በተዛነፈ (unsymmetrical) የፊሳሹ እፍግታ
  ምክንያት የሚመጣን ድንገተኛ ጎዳጎችን ፍልሰት
  (fringe displacement) ማስወገድ።

- ከፍተኛው ቶሎታ የሚቆየው ላጭር ጊዜ በመሆኑ መሆናውን ለማንቀሳቀስ የተደረገው የፍተሻ ዕቃው አደረጃጀት የችኮላ ምልከታ የሚያስፈልገው ነው።

- ቴቦዎቹ ጠባብ እንዲሆኑ በማስፈለጉ ፤ ለብርሃን አስተላላፊነት ያለው የቴቦው መካከለኛ ብቻ በመሆኑ - የውኃው ቶሎታ ወደ ቴቦው ግድግዳ በፍጥነት እየቀነሰ ስለሚሄድ መጀመሪያውኑም በስንጥቅ ውስጥ በማለፉ ፈዛዛ የነበረውን የብርሃን ጨረር በተጨማሪ እንዲባክን የሚያደርገው ነው።

- በቴቦው ማዕከል ያለው ከፍተኛው የውኃው ቶሎታ ከውኃው አማካይ ቶሎታ ባለው ዝምድና የሚገኝ ነው። ፈዛው ራሱ እንዳመነ የከፍተኛ እና የአማካይ ቶሎታውን ወዲር በግምት አስቀምጧል።

የማይክልሰን እና የሞርለይ ፍተሻ (Michelson & Morley, 1887)

ቀድመን እንዳቀረብነው በ፷ኛው መክዘ ብርሃን ባጠቃላይም ኤሌክትሮመግነቲሳዊ ጨረሮች ሞገድ ናቸው የሚለው ሐሳብ ተቀባይነት ሲያገኝ ፤ ልክ እንደ ማናቸውም ሞገዶች ሁሉ ፤ ለእነህ ሞገዶች አማካኝ የሆነ ብርሃናማ ኤተር መኖር አብሮ የሚንሸራሸር ሐሳብ ነበር። የድምፅ ጉዞ ከአማካኙ አንጻር እንደሆነ ሁሉ የብርሃንም ጉዞ ከብርሃናማ ኤተር አንጻር ነው የሚለው ሐሳብ በማመሳሰል ምክንያታዊ ሐሳብ ይመስላል። የማክስዌል ቀመሮችም እውን የሆኑት

ከዚህ ከተመረጠ ብርሃናማ ኤተር አንጻር ያለውን የኤሌክትሮመግነጢሳዊ ሞገድ ሙግደት ነው የሚል አስተሳሰብም ይንሽራሽር ነበር። ሐሳቡ ግን ያለክርክር እና ውዝግብ የሆነበት ጊዜ አልነበረም። ይኽን ሐሳብ ለመፈተሽ ከተደረጉ የቤተሙከራ ሥራዎች ፤ የማይክልሰን እና ሞርለይ የቤተሙከራ ሥራ ዕውቁ ነው። ሙከራው ብርሃንን አማካኝ የሆነ የኤተር ነፋስን መኖር መነሻ በማድረግ የተተገበረ ነበር። የኤተር ነፋስ የራሱ ፍጥነት እንበልና v ቢኖረው እንደ ንፍስቱ አቅጣጫ እና በተቃራኒው ብርሃን በመላክ የኤተር ነፋሱ ፍጥነት የፍጥነት ልዩነቱን ግማሽ ያህል ይሆናል። ነገሩ ግን እንዲህ ቀላል አልነበረም። ምክንያቱም የብርሃንን ፍጥነት መለካት ቀላል ሥራ አልነበረም። ማይክልሰን ደግሞ ከዚህ ሙከራ ቀድሞ የብርሃንን ፍጥነት በተሳካ ሁኔታ ለመለካት ችሎ ነበር። በወቅቱ የብርሃንን ፍጥነት የመለኪያው ዘዴ የብርሃንን ጨረር ወደ አንድ መስታወት ልኮ ተንጸባርቆ እንዲመለስ በማድረግ ነበር። ይኽ ዘዴ የኤተር ነፋስ ቢኖርም እንኳን ያለውን ተጽእኖ በደረሰ መልስ ጉዞው እንዲጣፉ ስለሚያደርግ አመችነት የለውም።

የቤተሙከራ ሥራው የመነሻ ሐሳብ እንደሚከተለው ነው።

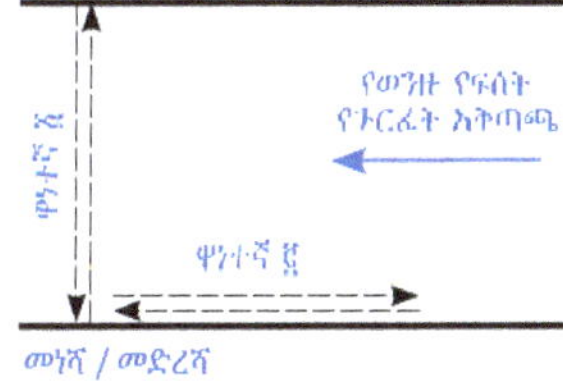

ሁለት እኩል የዋና ፍጥነት ω ያላቸው ዋነተኞች w ያህል አርብ ያለውን ወንዝ አንደኛው ወንዙ ለሚፈስበት ምስት በሆነ አቅጣጫ ዳርቻ እስከ ዳርቻ ደርሶ መልስ ቢዋኝ ሁለተኛው ደግሞ በወንዙ የፍስት አቅጣጫ የወንዙን አርብ ያህል ዋኝቶ ቢመለስ የትኛው ቀድሞ ይደርሳል? ይኽን ጥያቄ በቀላሉ

ማስላት እንችላለን። v የወንዙ የፍሰት ቶሎታ ይሁን። ዋነተኛ $\underline{\delta}$ን የደርሶ መልስ ዋናው የሚወስድበት ጊዜ

$$t_\perp = \frac{2w}{\sqrt{\omega^2 - v^2}}$$

$$= \frac{2w}{\omega} \cdot \frac{1}{\sqrt{1 - \frac{v^2}{\omega^2}}} \qquad (32)$$

ዋነተኛ $\underline{\underline{\delta}}$ን የደርሶ መልስ ዋናው የሚወስድበት ጊዜ

$$t_\| = \frac{w}{\omega + v} + \frac{w}{\omega - v}$$

$$= \frac{2w}{\omega}\left(1 - \frac{v^2}{\omega^2}\right) \qquad (33)$$

ወደ ድሩ ማድረግ የሚቻለው የዋነተኞቹ ፍጥነት ከወንዙ የጉርፈት ፍጥነት የበለጠ እንደሆነ ነው። ማለትም $\omega > v \Rightarrow \frac{v}{\omega} < 1$ የሆነ እንደሆነ ነው። በዚህ ሁኔታ የሚከተለው እውን ነው።

$$0 < 1 - \frac{v^2}{\omega^2} < 1 \; \vdots$$

$$1 - \frac{v^2}{\omega^2} < \sqrt{1 - \frac{v^2}{\omega^2}} \qquad (34)$$

ስለዚህ ምንጊዜም ዋነተኛ $\underline{\delta}$ ከዋነተኛ $\underline{\underline{\delta}}$ ቀድሞ የደርሶ መልስ ዋናውን ያጠናቅቃል ማለት ነው። የማይክልሰን ሐሳብ ብርሃንን በኤተር ነፋስ ውስጥ እንደሚሞግድ ዋነተኛ በማሰብ ፣ በብርሃን ጨረሮች መካከል ተመሳሳይ መሽቀዳደምን ማካሄድ ነው። ልክ እንደ ዋነተኞቹ ሁሉ

ጨረሮቹ ተመሳሳይ ግብር ለማጠናቀቅ የሚወስድባቸው የጊዜ ቆይታ ልዩነት (ልዩነቱ ካለ) የወንዙን ሚና በሚጫወተው በኤተር ነፋስ ፍጥነት ምክንያት ነው ማለት ነው።

የቤተሙከራው አዘገጃጀት እንደሚከተለው ነበር። ሙከራውን ለመተግበር የብርሃን ምንጭ ፣ ግማሽ ቅብ እና ሙሉ ቅብ ጠለል መስታይቶች ያስፈልጉ ነበር። የብርሃን ትርታ (pulse) በ፵፭ መዓርጋት ወደሚያቋርጠው ግማሽ ቅብ መስታይት ይላካል። የትርታው ግማሽ መስታይቱን አልፎ ሲሄድ ግማሹ ደግሞ በ፺ መዓርጋት ይታጠፋል። ከመነሻው ባንድ የመጣው ትርታ ለሁለት ተከፍሎ እንደሁለቱ ዋነተኞች ሁሉ ወደ ሁለት ተወዳዳሪ ትርታዎች ይፈነከታል። ሁለቱ ትርታዎች ከቀጠሉ በኋላ በጠፍጣፋ መስታይት ተነጸባርቀው እንደገና ወደ ግማሽ ቅቡ መስታይት ይመለሳሉ። በግማሽ ቅቡ መስታይት፤ አልፎ ሄዶ የነበረው ትርታ በ፺ መዓርጋት ይንጸባረቃል ፣ ተንጸባርቆ የነበረው ትርታ በቀጥታ አልፎ ከግማሽ ቅቡ መስታይት በቅርብ እኒህ የብርሃን ትርታዎች ለመመልከት በተገጠመ መነጽር ላይ ያርፋሉ። እንደተጠበቀው የኤተር ነፋስ ያለ እንደሆነ የሁለቱ ትርታዎች ግማሽ ትርታዎች በመነጽሩ ላይ ሲያርፉ በጥቂት የጊዜ ልዩነት ይሆናል።

ከኤተር ነፋሱ የጉርፈት አቅጣጫ መስቅ በሆነ አቅጣጫ የተላከው የብርሃን ትርታ ለደርሶ መልስ ጉዞው የሚወስድበት ጊዜ ሁሉ ልክ እንደ ዋነተኛ ፩ ሁሉ በሚከተለው ቀመር ይገኛል።

$$t_\perp = \frac{2w}{c} \cdot \frac{1}{\sqrt{1 - \frac{v^2}{c^2}}} \qquad (35)$$

በካሬ ሥርው ሥር ያለውን የሒሳብ ሐረግ በታይለር ዝርዝራ እንደሚከተለው መጻፍ እንችላለን፦

$$\sqrt{1 - \frac{v^2}{c^2}} = 1 + \frac{1}{2}\left(-\frac{v^2}{c^2}\right)$$
$$-\frac{1}{8}\left(-\frac{v^2}{c^2}\right)^2$$
$$+\frac{1}{16}\left(-\frac{v^2}{c^2}\right)^3 - \ldots \qquad (36)$$
$$= \sum_{n=0}^{\infty} \frac{(-1)^n (2n!)}{(1-2n)(n!)^2 (4^n)}\left(-\frac{v^2}{c^2}\right)^n$$

$\frac{v}{c} \ll 1$ ስለሆነ ከፍተኛ ሃይል ያላቸውን አባላት ቆርጠን እንተዋቸውና በሚከተለው ተቃረብ እንገልጸዋለን፦

$$\sqrt{1 - \frac{v^2}{c^2}} \approx 1 - \frac{v^2}{2c^2} \qquad (37)$$

አሁንም ለ$\frac{v}{c} \ll 1$ የሚከተለው ተቃረብ ይበቃል፦

$$\frac{1}{1 - \frac{v^2}{2c^2}} \approx 1 + \frac{v^2}{2c^2} \qquad (38)$$

ተከትሎም

$$t_\perp = \frac{2w}{c}\left(1 + \frac{v^2}{2c^2}\right) \qquad (39)$$

ሁለተኛው የብርሃን ትርታ ደርሶ መልሱን ለማጠናቀቅ የሚወስድበት ጊዜ ልክ እንደ ሁለተኛው ዋነተኛ ሁሉ፦

$$t_\parallel = \frac{2w}{c}\frac{1}{1 - \frac{v^2}{c^2}} \qquad (40)$$
$$\approx \frac{2w}{c}\left(1 + \frac{v^2}{c^2}\right)$$

የሁለቱ የብርሃን ትርታዎች የየራሳቸውን የደርሶ መልስ ግብር ለማጠናቀቅ የሚወስድባቸው ጊዜ ልዩነት እንደሚከተለው ይገኛል፦

$$t_\parallel - t_\perp$$
$$= \frac{2w}{c}\left(1 + \frac{v^2}{c^2}\right) - \frac{2w}{c}\left(1 + \frac{v^2}{2c^2}\right) \qquad (41)$$
$$= \frac{2w}{c}\frac{v^2}{2c^2}$$

በእርግጥ ብርሃን እጅግ ፈጣን ስለሆነ የጊዜ ልዩነት ካለ እጅግ በጣም ትንሽ ነው የሚሆነው። ይኸን ልዩነት በቀጥታ መለካት ተስፋ የለውም። ነገር ግን ማይክልሰን ጥሩ መፍትሄ አግትኝቶ ነበር። ይኸም የብርሃንን የመጠላለፍ ጸባይ መጠቀም ነው። የብርሃን ትርታዎች (ብልጭታዎች) በመላክ ፈንታ የማያቋርጥ ባለ አንድ ቀለም የብርሃን ጨረር በመላክ በጨረር ፈንካቹ መስታይት (ግሟሽ ቅብ መስታይት) በመፈንከት እና ልክ ቀድሞን እንደገለጽነው በጠለል መስታይቶች በማንጸባረቅ በመጨረሻ በመነጻሩ

ላይ እንዲገናኙ ማድረግ ነው። ሲገናኙ አንደኛው የብርሃን ጨረር ምገድ ከሌላኛው ከዘገየ ተዛማጅ የሆነ የመጠላለፍ ባሕርይ ያሳያሉ። ሙከራውን አስቸጋሪ የሚያደርገው የሙከራ ዕቃዎቹ ባቀማመጥም ሆነ በሕንጻት ጊዜ ትንሽ መዛባት ካለባቸው የሙከራ ሥራው ውጤት አሳሳች የሚሆንበት ዕድል ሰፊ ነው። ይኸንን ችግር ለመቅረፍ ሲባል የሙከራ ዕቃው የሚሽከረከር እንዲሆን ተደርጎ የታነጸ ነበር። በዋነተኞቹ ብናስበው ፤ ወንዙን የሚያጸርጠው ዋነተኛ ፤ አቅጣጫውን ቀይሮ በውንዙ የጉርፈት አቅጣጫ ደርሶ መልስ ይዋኛል። ቀድሞ በወንዙ የጉርፈት አቅጣጫ የዋኘው ወንዙን በሚያጸርጥ አቅጣጫ ይዋኛል። ስለዚህ በሁለቱ አቅጣጫዎች በሕንጻት እና ባቀማመጥ ሊፈጠር የሚችል መዛባት ሊያመጣው የሚችልን አሳሳች ውጤት በዚህ መልኩ ማግኘት ይቻላል። በተጨማሪም የኤተር ነፋሱ በየት አቅጣጫ እንደሚነፍስ ከሙከራ በፊት አይታወቅም። ስለዚህ የሙከራ ዕቃው የሚሾር መሆኑ ከዚህም አንጻር አስፈላጊ ነበር። ከዚህም በተጨማሪ በሁለቱ የብርሃን ጨረሮች መካከል የሚኖረውን የጊዜ መዘግየት ከፍ ለማድረግ እያንዳንዳቸው ጨረሮች ፤ አንዴ ደርሶ መልስ ብቻ ሳይሆን መነጽሩ ላይ ከመድረሳቸው በፊት ብዙ ደርሶ መልሶችን እንዲያደርጉ ተደርጓል። ነገር ግን በሁለቱ ጨረሮች መካከል ምንም ዐይነት የጊዜ መዘግየት ሊመዘገብ አልተቻለም። ማለትም ፤ በመነጽሩ ውስጥ የሚታየው የብርሃን ብርታትም ሆነ ፍንትወት ምንም ዐይነት መቀያየር አላሳየም። በመቀጠል ሙከራው በምድር መሾር ምክንያት ሊመጣ የሚችለውን የብርሃን አንጻራዊ ፍጥነት ለመለካት እንዲችል ተደርጎም

ታነጸ ፡ አሁንም የታሰበው ልዩነት በፍጹም ሊገኝ አልቻለም። ምናልባት የኤተር ነፋስ ከምድር ጋር ተሳፍቶ እንደሆን በማሰብ ፡ መሳሪያው በትልቅ ተራራ ላይ ተተገበረ። አሁንም ብላሽ! የዚህ መሳሪ ውጤት የሚያሳየው ወይ ኤተር ዕሩፍ (ነባሬ) ነው አለበለዚያ ኤተር የሚባል ነገር የለም ማለት ነው። ታዲያ ብርሃን ከምን አንጻር ነው የጦጌሿፎያ ማይል በሰከንድ የሚጓዘው? ሌላው አማራጭ የከምንጭኑ አንጻር ፅንስ ሐሳብ (emitter theory) ነው። ፅንስ ሐሳቡ ብርሃን ይኸን ያህል ፍጥነት ያለው ከሚመነጭበት አካል አንጻር ነው የሚል ነበር። ይኸን ፅንስ ሐሳብ በቤተመሳሪ ለመፈተሽ የተቻለው በቅርብ ነው። የዘርፉ ልሂቆች እንደሚነግሩን ፡ የብርሃን ምንጩ በምንም ፍጥነት ይሂድ በምን ፡ ከምንጩ ጋር በማይንዝ ዋቢ ፍጥነቱ ቢለካም ያው የጦጌሿፎያ ማይል በሰከንድ!

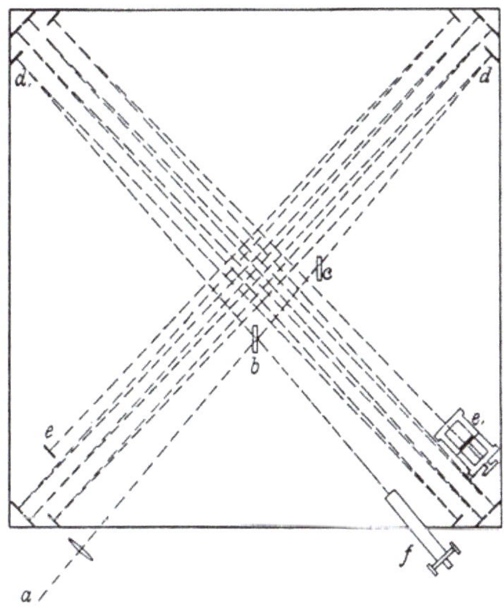

የማይክልሰን እና ሞርለይ ሙከራ ከመነሻው ብርሃን በብርሃናማ ኤተር ውስጥ መንዙን ለማሳየት ታስቦ የተዘጋጀ የቤተሙከራ ሥራ ቢሆንም ቅሉ ከምድር በየትኛውም አቅጣጫ (እንደ ምድር እንቅስቃሴ አቅጣጫም ሆነ ለምድር የእንቅስቃሴ አቅጣጫ ምስቅ በሆነ አቅጣጫ) ብርሃን አንድ ዐይነት ፍጥነት እንዳለው ያሳየ የቤተሙከራ ሥራ ነበር። ከመነሻ ሓሳቡ አንጻር ዕውቁ የከሸፈ ፍተሻ ተግባር (the famous failed experiment) ይሉታል።

የብርሃናማ ኤተርን በቤተሙከራ ለማሳየት የተደረጉ ሙከራዎች ሁሉ ብላሽ ሆኑ። የብርሃናማ ኤተርን መኖር ግብአት ሳያደርጉ የተበለጸጉ ንድፈ ሓሳቦች የብርሃንን እና የኤሌክትሮ መግነጢሳዊ ሞገዶችን አጨራዝ መግለጽ ቻሉ። በዘመናዊ ፊዚካ ብርሃናማ ኤተር በታሪክ ማኅደር ከተቀመጡ አስተሳሰቦች ሆነ። የብርሃንን ሙግደት በተመለከተ በቤተሙከራ ሥራዎቹ ማረጋገጥ የተቻለው ነገር የጋሊሊዮ የመቻት መስተዛምድ የብርሃንን ፍጥነት በሁለት ፍዙዝ ዋቢ ሥርዓቶች ሲታይ ያዊት መሆኑን ሊገልጽ አልቻለም። ወደ ማክስዌል ቀመሮች እጃችንን ከመጠቆማችን በፊት ፤ የጋሊሊዮ የመቻት መስተዛምድ ሕግ ችግር ተገኝቶበታል ፤ የማክስዌል ቀመሮች እውን ሆኑም አልሆኑም።

ምዕራፍ ፮: የወጥ-እንጻራዊነት ሥነመቾት

ቀደም ብለን የመብርሃመግነጢሳዊ ሞገዶችን ብሎም የብርሃንን ልዩ የእንቅስቃሴ ባሕርይ ፣ የኤተር ፅንስ ሕሳብን መውደቅ ፣ የጋሊሊዮ የመቾት መስተዛምድ በማክስዌል የመብርሃመግነጢሲስት ቀመሮች ላይ ሲተገበር የሚፈጥረውን የቅርጽ ለውጥ ብሎም የእንጻራዊነትን ሕግ ያለመጠበቅ ሁኔታ ተመልክተናል፡፡ በዚህ ምዕራፍ የእንስታይንን የወጥ እንጻራዊነት ንድፈ ሕሳብ እንመለከታለን (Einstein, On the electrodynamics of moving bodies, 1905b; Lanczos, 1970)፡፡ በምዕራፉ ውስጥ የተካተቱትን ሒሳባዊ ሐተታዎች ለመረዳት አንባቢው (አንተነህ ብሩ, የቅምሮች እና የቀስቶ ሥፍሮች ሥነ-ስሌት, 2024b)ን እና (አንተነህ ብሩ, ኒውተናዊ ሥነ-እንቅስቃሴ, 2024c) ቀድሞ ቢያነብ በምዕራፉ ውስጥ ያሉ ሒሳባዊ ሐተታዎችን ለመረዳት ይቀላል፡፡

የመቾት የቅንብር ሥርዓቶች ዝምድና እና የሎሬንትዝ የመቾት መስተዛምድ

ሥዕሉ ላይ የተመለከተውን የ$x - t$ የቅንብር ሥርዓት እንመልከት፡፡ የጊዜ ልኬት መሥመር የሆነ ቋሚ አውታር እና ባለ አንድ አቅጣጫ የቦታ ልኬት የሆነ አግዳሚ አውታር አለው፡፡ በዚሁ የቅንብር ሥርዓት ላይ ከነባሬው ዋቢ ሥርዓት አንጻር በወጥ ቶሎታ በx የቅንብር አውታር አቅጣጫ የሚጓዝ ተንቀሳ ዋቢ ሥርዓት ይታያል፡፡

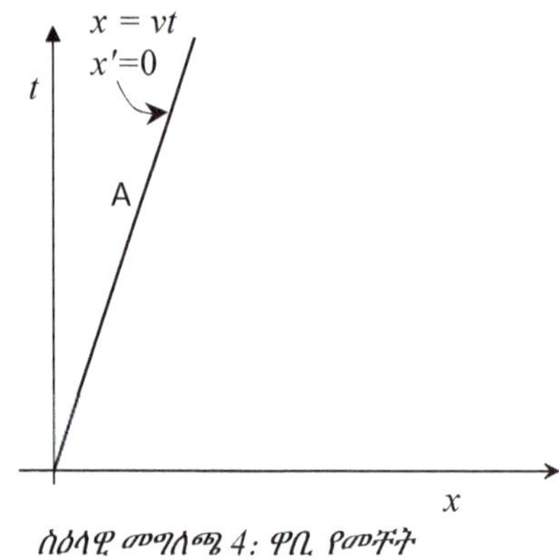

ስዕላዊ መግለጫ 4: ዋቢ የመቾት የቅንብር ሥርዓት

ነባሬው ዋቢ ሥርዓት በ$x - t$ $(0, t)$ ይገለጻል። ተንጓ ዋቢ ሥርዓት ደግሞ በ$x - t = (vt, t)$ ወይም በ$x' - t = (0, t)$ ይገለጻል።

በጋሊሊዮዋዊ የመቾት መስተዛምድ የነባሬው መቾት እና የተንጓ መቾት እንደሚከተለው ይዘመዳሉ።

$$x' = x - vt$$
$$t' = t \qquad (42)$$

ከነባሬው ዋቢ ሥርዓት ብርሃን በ$t = 0$ ቢላክ በተንጓ ዋቢ ሥርዓት ውስጥ እንዴት ይታያል? ጋሊሊዮዋዊ የመቾት መስተዛምድ ብንከተል በተንጓ ዋቢ ሥርዓት ውስጥ የሚከተለውን ዝምድና እናገኛለን

በተንጓ ዋቢ ሥርዓት አቅጣጫ የተላከ ብርሃን

$$x' = ct - vt$$
$$= (c - v)t \qquad (43)$$
$$= (c - v)t'$$

በተንጓ ዋቢ ሥርዓት ተቃራኒ አቅጣጫ የተላከ ብርሃን

$$x' = -ct - vt$$
$$= -(c + v)t \qquad (44)$$
$$= -(c + v)t'$$

ይህ ማለት በተጓዡ አቅጣጫ የተላከ ብርሃን በተጓዡ ዋቢ ሥርዓት ሲታይ ፍጥነቱ ይቀንሳል ፤ በተቃራኒው የተላከ ደግሞ ፍጥነቱ ይጨምራል። ይህም ማለት ጋሊሊዮዋዊ የመቸት መስተዛምድ የብርሃንን ፍጥነት ኢአንጸራዊነት አይጠብቅም ማለት ነው። የብርሃን ፍጥነት ኢተለዋዋጭ መሆኑን በተዘዋዋሪ ከማክስዌል ቀመሮች እና በቀጥታም ከቤተሙከራ ውጤቶች እንደተደመደመው የብርሃን ፍጥነት በሁሉም ፍዙዝ ዋቢ ሥርዓት (inertial frame of reference) እኩል ፍጥነት አለው። ይህ ማለት ጋሊሊዮዋዊ የመቸት መስተዛምድ ስሕተት አለበት ማለት ነው።

ስሕተቱ ታዲያ ምን ላይ ነው? ይኸን እንቆቅልሽ መፍታት ቀላል አልነበረም። የተለመዱ ዕይታዎችን እውንነት ከመሠረታቸው መመርመር ያስፈልግ ነበር። አንስታይን ይኸን ችግር ለመፍታት ሁለት የጊዜ መለኪያዎች ተናበቡ ስንል ምን ማለታችን? ነው ሲል ራሱን በመጠየቅ ሐተታውን ይጀምራል። ሁለት የተናበቡ የጊዜ መለኪያዎችን በማሰብ እንጀምር። ሁለተኛው የጊዜ መለኪያ ከመጀምሪያው አንጻር በወጥ ቶሎታ v ቢንዝ $t = t'$ ትክከለኛ መናበብ ነውን? ካልሆነስ ሁለቱ የጊዜ መለኪያዎች በምን ያህል ይለያያሉ? በተመሳሳይ መልኩም በነባሬው ዋቢ ሥርዓት አንድ ሜትር ርዝመት በተጓዡም ዋቢ ሥርዓት አንድ ሜትር ይለካልን? እዚህ ላይ አንስታይን በዚህ ጥያቄ ዙሪያ በወቅቱ ተቀባይነት ያገኙ የጊዜውን ሐሳቦች የሚፈታተን ሐተታ አቀረበ። የአንስታይን ሐተታ ሁለት የጊዜ መለኪያዎች ተናበዋል ስንል በተያያኸነትም ስለ ርዝመት ልኬት ስናወራ ስለጊዜ ልኬት ስናወራ

በጥንቃቄ መሆን እንዳለበት ያስገነዝባል። እንደ አንስታይን ሐተታ ሁለት የጊዜ መለኪያዎችን እንደሚከተው እንዲናበቡ ማድረግ ይቻላል።

ሁለት ዋቢ ሥርዓቶች እናስብ። ሁለቱም የየራሳቸው የጊዜ መለኪያ ይኑራቸው። ቀድሞ እንደገለጽነው ሁለተኛው ዋቢ ሥርዓት ወጥ ቶሎታ v ይዣዝ። ከሁለቱም ዋቢ ሥርዓቶች የብርሃን ጨረር ለሁለቱም ማዕከላዊ ወደሆነ ቦታ በእኩል ጊዜ እንላክ ከሁለቱም ዋቢ ሥርዓቶች የተላኩት የብርሃን ጨረሮች በእኩል ጊዜ ማዕከላዊው ቦታ (ነጥብ) ላይ ከደረሱ ሁለቱ የጊዜ መለኪያዎች እንደ አንስታይን ብይን ተናባቢ ናቸው። በዚህ መልኩ የተጓጉን ዋቢ ሥርዓት የጊዜ ልኬታ ከነባሬው ዋቢ ሥርዓት የጊዜ ልኬታ ጋር ተናባቢ እናድርገው። የኸን የተናባቢነት ብይን የሚያሟሉ የመቺት መስተዛምድ ሕጎች እንቀምር።

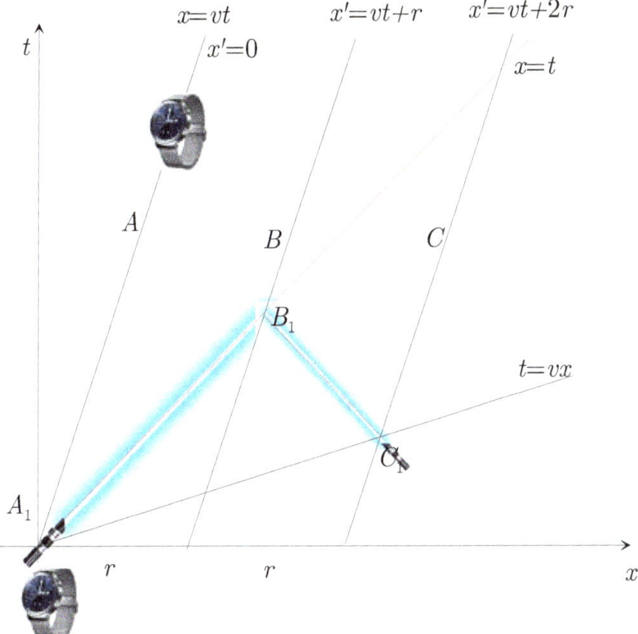

ሥዕላዊ መግለጫ 5: ዋቢ. የመቾት የቅንብር ሥርዓት እና ተናባቢነት

በሥዕላዊ መግለጫ 5 ላይ በተመለከተው የቅንብር ሥርዓት የ$t' = 0$ የመቾት መሥመር የት እንዳለ እናትት። ለዚሁ እንዲረዳን ከመቾት መሥመር A ጋር ሁለት ትይዩ የሆኑ ከA r የርቀት አሃድ እና $2r$ የርቀት አሃድ የሚርቁ የመቾት መሥመሮች ተጨምረዋል። እንደ ቅደም ተከተላቸው B እና C ተብለው ተሰይመዋል። ከመቾት መሥመር A ጋር በእኩል ፍጥነት እና በተመሳሳይ አቅጣጫ የሚጓዙት ሁለቱ ተጨማሪ የመቾት መሥመሮች ከA ጋር ትይዩ ናቸው ስንል ፤ በመቾት የቅንብር ሥርዓቱ ውስጥ አንድ ዐይነት ተዳፋት አላቸው ማለታችን ነው። በሌላ አነጋገር የሚጓዙበት ፍጥነት A ከሚጓዝበት ፍጥነት ጋር እኩል ነው ማለት ነው።

ነባሬው ዋቢ ሥርዓት እና ተንጓ ዋቢ ሥርዓት A በ$t = 0$ ላይ ይስማማሉ። ነባሬው ዋቢ ሥርዓት በ $t = 0$ የብርሃን ጨረር ወደ ተንጓ ዋቢ ሥርዓት B ይላክ። ተንጓ ዋቢ ሥርዓት C ም በራሱ $t' = 0$ የብርሃን ጨረር ወደ ተንጓ ዋቢ ሥርዓት B ይላክ። ሁለቱ ጨረሮች በአንድ ጊዜ B ላይ የደረሱ እንደሆን የነባሬው ዋቢ ሥርዓት እና የተንጓ C ዋቢ ሥርዓት የጊዜ መለኪያዎች የአንስታይንን የተናባቢነት ብይን ያሟላሉ።

እንደሚከተለው እንጠይቅ። ነባሬው ዋቢ ሥርዓት በራሱ የጊዜ መለኪያ $t = 0$ የብርሃን ጨረር ወደ ተንጓ B ዋቢ ሥርዓት ከላከ ፤ ተንጓ C ዋቢ ሥርዓት በነባሬው ዋቢ ሥርዓት የጊዜ መለኪያ መቼ ነው የብርሃን ጨረር ወደ ተንጓ B ዋቢ ሥርዓት ቢልክ ልክ ከነባሬው ዋቢ ሥርዓት የተላከው ጨረር B ላይ ሲደርስ ከ C ም የተላከው B ላይ የሚደርሰው?

ከነባሬው ዋቢ ሥርዓት በ$t = 0$ ላይ የተላከው የመቼር መሥመር Bን B_1 ላይ ሲያቋርጥ የሚከተሉትን ቀመሮች ያሟላል።

$$x = ct = vt + r \qquad (45)$$

ተከትሎም የ B_1ን የመቺት ቅንብር እንደሚከተለው እናገኛለን።

$$t = \frac{r}{c - v} ፤ x = \frac{cr}{c - v} \qquad (46)$$

ቀጥለን የC_1 ን የመቾት ቅንብር እንፈልጋለን። በቀጥታ መሥመር $\overline{B_1 C_1}$ ላይ $x + ct$ ያዊት ነው።

የብርሃን ጨፈረር የመቾት መሥመር $\overline{B_1 C_1}$ የመቾት ነጥብ B_1 ላይ የመቾት መሥመር Bን ያቋርጣል። የመቾት ነጥብ B_1ን የመቾት ቅንብር ከላይ ስላገኘን ውጤቱን በመተካት አይለወጤውን እንደሚከተለው ማግኘት እንችላለን።

$$x + ct = \frac{cr}{c - v} + \frac{cr}{c - v}$$
$$= \frac{2cr}{c - v} \tag{47}$$

የብርሃን ጨፈረር የመቾት መሥመር $\overline{B_1 C_1}$ የመቾት መሥመር Cን C_1 ላይ ስለሚያቋርጠው C_1 ላይ ሲደርስ $x = vt + 2r$ን ያሚላል። ስለዚህ

$$vt + 2r + ct = \frac{2cr}{c - v} \tag{48}$$

ትንሽ በማቀናበር የመቾት ነጥብ C_1ን የጊዜ ልኬት እንደሚከተለው እናገኛለን።

$$t = \frac{2vr}{c^2 - v^2} \tag{49}$$

ያገኘነውን የጊዜ ልኬት በመተካት የመቾት ነጥብ C_1ን የቦታ ቅንብር እንደሚከተለው እናገኛለን።

$$x = vt + 2r = \frac{2v^2 r}{c^2 - v^2} + 2r$$
$$= \frac{2c^2 r}{c^2 - v^2} \tag{50}$$

የመቾት ነጥብ C_1 ቅንብሮች የሚሰጡን በተጓዠ ዋቢ ሥርዓት የተላከ የብርሃን ጩለረር ፣ ከነባሬው ዋቢ ሥርዓት በ $t = 0$ የተላከ የብርሃን ጩለረርን በእኩል ጊዜ ዋቢ ሥርዓት B ላይ ለመድረስ መቼ እና የት መላክ እንዳለበት ነው። ስለዚህ ይኸ የመቾት ነጥብ $t' = 0$ን ይወክላል ማለት ነው። በዚሁ መልኩ የስሌት ሐተታችንን ብንቀጥል ፣ ሁሉም የ $t' = 0$ ነጥቦች በ $(x, t) = (0,0)$ እና በመቾት ነጥብ C_1 ላይ በሚያልፈው ቀጥታ መሥመር ላይ ያርፋሉ። የዚህን $t' = 0$ መሥመር ተዳፋት (ተቃናት) እንደሚከተለው ማግኘት እንችላለን።

$$የመቾት\ ተዳፋት\ (t' = 0) = \frac{t - 0}{x - 0}$$
$$= \frac{\dfrac{2vr}{c^2 - v^2}}{\dfrac{2c^2 r}{c^2 - v^2}} = \frac{v}{c^2} \tag{51}$$

ስለዚህ የ $t' = 0$የመቾት ዝምድና

$$t = \frac{v}{c^2} x \tag{52}$$

ነው ማለት ነው:: $c = 1$ የሆነበት የቅንብር ሥርዓት ብንነድፍ ይህ መሥመር $x = ct$ መስታወት የሚታይ የ $x = vt$ ምስል መሆኑን እንረዳለን::

ስለ (x, t) እና ስለ (x', t') ዝምድና ምን ማለት እንችላለን? $x' = 0$ ሲሆንx $= vt$ መሆኑን እናውቃለን:: ባጠቃላይ የሚከተለው ዝምድና ይሆናል::

$$x' = (x - vt)f(v) \qquad (53)$$

$f(v)$ ለጊዜው ያልታወቀ የፍጥነት ቅምር ነው::

እንደዚሁም $t' = 0$ ሲሆን $t = \dfrac{vx^2}{c}$ መሆኑን አግኝተናል ፤ ስለዚህ የሚከተለው የመቺት መስተዛምድ ይሆናል

$$t' = (t - \frac{vx}{c^2})g(v) \qquad (54)$$

$g(v)$ ለጊዜው ያልታወቀ የፍጥነት ቅምር ነው::

በመቀጠልም የብርሃን ፍጥነት በሁለቱም ፤ በነባሬው ዋቢ ሥርዓት እና በተንጉፎ ዋቢ ሥርዓት ፤ ውስጥ እኩል ነው የሚለውን የአንስታይንን የመነሻ ሐሳብ እናካትታለን:: ያ ማለት $x = ct$ ሲሆን $x' = ct'$ ነው ማለት ነው:: ለሁለቱም ዋቢ ሥርዓቶች ብርሃን በእኩል ፍጥነት c ይጓዛል:: ስለዚህም

$$x' = t(c - v)f(v)$$
$$t' = \frac{t}{c}(c - v)g(v) \qquad (55)$$

$x' = ct'$ የሚለውን ዝምድና በመጠቀም

$$x' = t(c - v)f(v)$$

$$= c\frac{t}{c}(c \qquad (56)$$

$$- v)g(v)$$

ስለዚህ $f(v) = g(v)$ መሆን አለበት፨

በመቀጠል $f(v)$ን ለመወሰን የምንገነነው የመቺት መስተዛምድ ቀመር $h(x,t)$ የቅንብር ሥርዓት ወደ (x',t') የቅንብር ሥርዓት እንደሚያደርስን ሁሉ ፤ $h(x',t')$ የቅንብር ሥርዓትም ወደ (x,t) የቅንብር ሥርዓት ሊያደርስን ይገባል፨ ማስታወስ ያለብን፥ ተጓዡ ዋቢ ሥርዓት ከነባሬው ዋቢ ሥርዓት አንጻር በወጥ ቶሎታ v እንደሚጓዝ ሁሉ ነባሬው ዋቢ ሥርዓት ከተጓዡ ዋቢ ሥርዓት አንጻር በተቃራኒ አቅጣጫ በv ፍጥነት እንደሚጓዝ ነው፨ ስለዚህም

$$x = (x' + vt')f(v)$$

$$t = (t' + \frac{vx'}{c^2})f(v) \qquad (57)$$

በመቀጠልም እነዚህ የመቺት መስተዛምድ ቀመሮች ከቀዱ. (53) እና (54) ጋር ይስማሙ ዘንድ እንደሚከተለው እንተካለን፨

$$x = ((x - vt)f(v) + v(t$$

$$- vx \qquad (58)$$

$$/c^2)f(v))f(v)$$

በማቅናበርም

$$x = x(1 - v^2/c^2)f^2(v)$$

$$f(v) = \pm \frac{1}{\sqrt{1 - (v/c)^2}} \qquad (59)$$

አሁን በአንስታይን የወጥ የአንጻራዊነት የመቶት ንድፈ ሐሳብ መሠረት የነባሬውን እና የተንዣቡን ዋቢ ሥርዓቶች ጊዜያቸው ሲናበብ ያለውን የመቶት ቅንብር መስተዛምድ አሜልተን እንደሚከተለው አገኘን

$$x' = \frac{(x - vt)}{\sqrt{1 - (v/c)^2}}$$

$$t' = \frac{(t - \frac{vx}{c^2})}{\sqrt{1 - (v/c)^2}} \qquad (60)$$

ለምንድነው $f(v) = \frac{1}{\sqrt{1-(v/c)^2}}$ የወሰድነው

$f(v) = -\frac{1}{\sqrt{1-(v/c)^2}}$ ያልወሰድነው? ብለን ብንጠይቅ

የትኛውንም ሥርው ብንመርጥ ፤ ምርጫችን በሁለቱ ዋቢ ሥርዓቶች መካከል ባለው አንጻራዊ ቶሎታ ላይ ጥገኛ ሊሆን አይገባውም። ለምሳሌ $v = 0$ን እንውሰድ። የመስተጻምራችን መልስ በዚህ ጊዜ $x = x$ መስጠት ሲገባው ቀናሱን ሥርው በመቶት የቅንብር ሥርዓት መስተዛምድ ቀመሩ ውስጥ የተጠቀምን እንደሆን $x = -x$ እናገኛለን። ይህ ደግሞ ተቀባይነት የለውም።

$የ(x', t')$ን እና $የ(x, t)$ን ዝምድና እንደሚከተለው በዐሪክ ማስቀመጥ እንችላለን።

$$\begin{bmatrix} x' \\ t' \end{bmatrix} = \frac{1}{\sqrt{1-(v/c)^2}} \begin{bmatrix} 1 & -v \\ -v/c^2 & 1 \end{bmatrix} \begin{bmatrix} x \\ t \end{bmatrix}$$

$$\begin{bmatrix} x \\ t \end{bmatrix} = \frac{1}{\sqrt{1-(v/c)^2}} \begin{bmatrix} 1 & v \\ v/c^2 & 1 \end{bmatrix} \begin{bmatrix} x' \\ t' \end{bmatrix} \qquad (61)$$

እነዚህ የመቶች መስተዛምድ ስልቶች የሎሬንትዝ[25] የመቶት መስተዛምድ በመባል ይታወቃሉ (Lorentz, 1904)። በነባሬውን እና በተንጉፉ ዋቢ ሥርዓቶች መካከል ያለው አንጻራዊ ወጥ ቆሎታ ትንሽ ከሆነ $(v/c)^2$ እና v/c^2 ወደ አልቦ ይጠጋሉ። በዚህ ወቅት በኔውተናዊ ፊዚካ የምንጠቀመው ጋሊሊዮዋዊ የመቶት መስተዛምድ በበቂ ሁኔታ ይሠራል።

$$\begin{bmatrix} x' \\ t' \end{bmatrix} = \begin{bmatrix} 1 & -v \\ 0 & 1 \end{bmatrix} \begin{bmatrix} x \\ t \end{bmatrix}$$

$$\begin{bmatrix} x \\ t \end{bmatrix} = \begin{bmatrix} 1 & v \\ 0 & 1 \end{bmatrix} \begin{bmatrix} x' \\ t' \end{bmatrix} \qquad (62)$$

ስለ ጊዜ መዘግየት እና ስለ ርዝመት መኮማተር

በነባሬው ዋቢ ሥርዓት አንድ ሜትር ርዝመት ያለው ዘንግ እናስብ። የሜትር ዘንግ ብይን የዘንጉ ጫፎች በታሳቢው

---

[25] ሄንድሪክ አንቶን ሎሬንትዝ የደች የፊዚካ ተመራማሪ ነበር። በ፲፱፻፬ ድልክ እ.አ.አ. የሀገሩ ተወላጅ ከሆነ ፒተር ዚማን ከተባለ የፊዚካ ተመራማሪ ጋር የኖቤል ሽልማት ተጋርቷል። የማይክልሰን እና ሞርሌይን የሙከራ ውጤት ለመግለጽ በሠራው ምርምር እኒህን መስተዛምዶች ከአንስታይን ቀደም ብሎ አግኝቷቸው ነበር። አቀራረቡ ግን ከአንስታይን አቀራረብ የተለየ ነበር።

ዋቢ ሥርዓት የጊዜ መለኪያ በእኩል ጊዜ ሲለኩ ርቀታቸው
አንድ ሜትር የሆነ ማለት ነው። የሚከተለውን ሥዕላዊ
ሥዕላዊ መግለጫ 6 እና ሥዕላዊ መግለጫ 7ን
ተመልከት/ቾ።

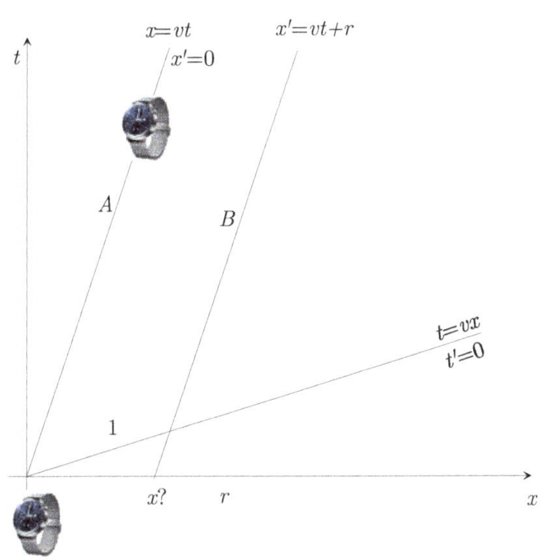

ሥዕላዊ መግለጫ 6: የርዝመት መኮማተር - በተጓጓዘ ዋቢ ሥርዓት አንድ
ሜትር የሚለካ በነባራውሲታይ ምን ያህል ይለካል?

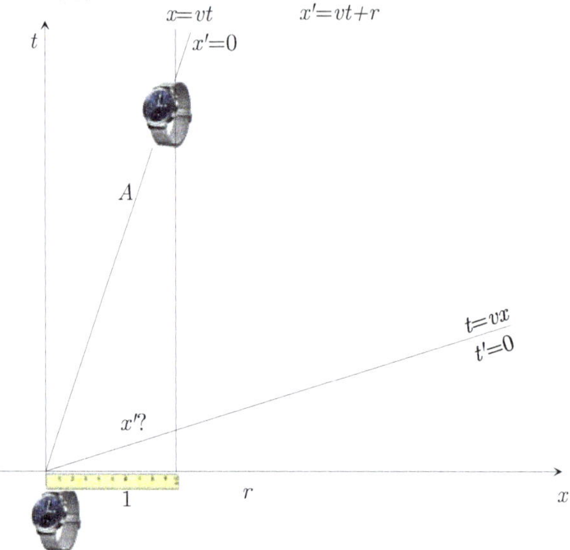

ሥዕላዊ መግለጫ 7: የርዝመት መኮማተር - በነባሬው ዋቢ ሥርዓት አንድ ሜትር የሚለካ በተንቀሳቃይ ምን ,የህል ይለካል?

በቀዱ.(61) ላይ የተመለከተውን የመቶች ቅንብር አዛማጅ ዐሪክ እንጠቀም እና $x = 1$ ፤ $t' = 0$እንተካ።ዘንጉን በነባሬው ዋቢ ሥርዓት የጊዜ መለኪያ $t = 0$ ሲሆን ከለካን ፤ በተንጉፉ ዋቢ ሥርዓት የጊዜ መለኪያም $t' = 0$ ሲሆን የዘንጉን ርዝመት በተንጉፉ ዋቢ ሥርዓት የርዝመት መለኪያ እንለካለን። ከተበለጸጉት የአንጻራዊነት ንድፈ ሐሳብ የመቶች መስተዛምድ ቀመሮች በመነሳት $t' = 0$ ሲሆን $t = \frac{vx}{c^2}$ መሆኑን እናውቃለን። እነዚህን ግብአቶች በመጠቀም የሚከተለውን ዝምድና እናገኛለን።

$$x' = \frac{x - vt}{\sqrt{1 - (v/c)^2}} \; \text{፤} \; t = \frac{v}{c^2}x \qquad (63)$$

$$x' = \frac{x - v(\frac{v}{c^2}x)}{\sqrt{1 - (v/c)^2}}$$

$$= x\sqrt{1 - (v/c)^2}$$

ይህ ማለት በነባሬው ዋቢ ሥርዓት ጊዜ $t = 0$ ሲሆን አንድ ሜትር ርዝመት ያለው ዘንግ በተንጉቡ ዋቢ ሥርዓት የርዝመት መለኪያ $t' = 0$ ሲሆን $\sqrt{1 - (v/c)^2}$ ሜትር ይለካል ማለት ነው። ይኸ የርዝመት ልኬት በሁለቱ ዋቢ ሥርዓቶች መካከል ያለው አንጻራዊ ወጥ ቶሎታ መጠን ትንሽ ሲሆን መጠኑ እጅግ በጣም ትንሽ ነው ለምሳሌ v የብርሃንን አንድ መቶኛ ቢሆን በጣቢያዊው ዋቢ ሥርዓት ፩ ሜትር የሚለካ ልምጭ በተንጉቡ ዋቢ ሥርዓት ሲለካ በ 0.0000500012500624925 ሜትር ይኮማተራል ማለትም 0.999949998749938 ሜትር ይለካል። የበለጠ ግልጽ ለማድረግ በጣቢያዊው ዋቢ ሥርዓት ምእት እልፍ <u>፻፶፱</u> (አንድ ሚሊዮን) ሜትር ርዝመት ያለው ልምጭ በተንጉቡ ዋቢ ሥርዓት ሲለካ ፺ ሜትር አካባቢ ይቀንሳል ማለት ነው። የብርሃን አንድ መቶኛ ፍጥነት 2997924.58 ሜትር በሰከንድ መሆኑን ልብ ስንል ፤ የርዝመት መኮማተርን በዕለት ተዕለት ኑሮአችን ልናጤነው የምንችል ሁነት እንዳልሆነ እንረዳለን። እስካሁን የተሠሩት ፈጣኖቹ ሰው ሠራሽ መጓጓዣዎች የብርሃንን ፍጥነት አንድ መቶኛ አይጠጉም። እንደዚሁም በተንጉቡ ዋቢ ሥርዓት አንድ ሜትር የሚለካ ርዝመት በጣቢያዊው አጥሮ እንደሚታይ የአንጻራዊነት ንድፈ ሐሳብ የመቸት መስተዛምድ ሕጎችን በመጠቀም ማሳየት ይቻላል። ይህን ማሳየት ለአንባቢው

ተትቷል። አሁን በእንጻራዊነት ንድፈ ሐሳብ አገባብ ርዝመት በሁለት የፍዘተ-ቁስ ዋቢ ሥርዓቶች ውስጥ አንዱ ከአንዱ አንጻር በወጥ ቶሎታ v ቢንዙ በአንደኛው ዋቢ ሥርዓት ውስጥ ያለ የርዝመት ልኬታ በሌላኛው ውስጥ ሲለካ እንደሚያጥር ዐይተናል። ይህንን ሁነት በጠቅላላው **የሥፍራ መኮማተር** (space contraction) ብለውታል። ይኸም ማለት ልምጪ ኖረም አልኖረም ፤ የሥፍራ ልኬት በነባሬውና በተንጉፉ ዋቢ ሥርዓቶች የአንዱ በሌላው ሲለካ የጠበ ፤ ያጠረ ልኬት ይኖረዋል። (ይመስላል የሚለውን ቃል እዚህ ላይ መጠቀም አግባብ አይደለም።) የጊዜ ልኬትስ? ልክ የሥፍራ መኮማተርን በተመለከትንበት መንገድ የጊዜ መዘግየትንም እንደሚከተለው እናየዋለን።

ከተንጉፉ ዋቢ ሥርዓት አንጻር $x' = 0$ ነው። ያም ማለት በቀቂ. (63) ላይ ያስቀመጥነውን ቀመር በመጠቀም $x = vt$ን እናገኛለን። የተንጉፉ ዋቢ ሥርዓት የጊዜ ልኬታ ከነባሬው ዋቢ ሥርዓት የጊዜ ልኬታ ጋር ያለውን ዝምድና ቀቂ.(60) ላይ አግኝተናል። ስለዚህ ባገኘነው የ$t' - t$ መስተዛምድ ቀመር ውስጥ በመተካት እንደሚከተለው እናገኛለን።

$$t' = \frac{(t - \frac{v(vt)}{c^2})}{\sqrt{1 - (v/c)^2}} \Rightarrow t' \qquad (64)[26]$$
$$= \sqrt{1 - (v/c)^2}\, t$$

---

[26] ይህ ቀመር የመንትዮቹ የዕድሜ ውዝግብ (paradox) መነሻ ነው። መጠይቁ እንደሚከተለው ይነበባል። መንቶች ምድር ላይ በእኩል ጊዜ

የመቾት ጊዜ

በዮክሊዳዊ ሥነ-ሥፍራ ርዝመት ፤ በአንድ የመነሻ ነጥብ ዙሪያ ለመመሲሽከረከር ተመልካች ኢተለዋዋጭ ነው (አንተነህ ብሩ፣ 2024a)። እንደዚሁም ለወጥ የአንጻራዊነት ንድፈ ሐሳብ የዝምድና ሕግ ተመሳሳይ የሆነ ነገር እናስብ። የተጓገን ዋቢ ሥርዓት የመቾት ቅንብሮች ካሬ እናዉን።

$$t'^2 = \frac{(t^2 - \dfrac{2vxt}{c^2} + \dfrac{v^2 x^2}{c^4})}{1 - (v/c)^2}$$

$$(x'/c)^2 = \frac{(x^2 - 2vxt + v^2 t^2)/c^2}{1 - (v/c)^2} \qquad (65)$$

$$t'^2 + (x'/c)^2 \neq t^2 + (x/c)^2$$

ስለዚህ በወጥ አንጻራዊነት ሥነመቾት የዮክሊዳዊ ሥነ-ሥፍራ ዐይነት ጸባይ እንደሌለው ማዓት ይቻላል። ነገር ግን

$$t'^2 - (x'/c)^2 = t^2 - (x/c)^2 \qquad (66)$$

ስለዚህ በወጥ የአንጻራዊነት ንድፈ ሐሳብ <u>ፍዙዝ ዋቢ ጥንዶች</u> የሚስማሙበት ነገረ መቾት ነው ማለት ነው።

$\sqrt{t'^2 - (x'/c)^2}$ የመቾት ጊዜ (proper time) ይባላል።

ይጀምሩ። አንደኛው መንኮራኩር ውስጥ ገብቶ በፍጥነት ይፈትለከ። ይህ መንትያ ጠፈራዊ መንትያ ይባል። ሁለተኛው መንትያ ጊዜውን ሁሉ በምድር ላይ ይሁን። ይህ መንትያ ምድራዊ መንትያ ይባል። በመጨረሻም ጠፈራዊው መንትያ ወደ ምድር ተመልሶ ከምድራዊ መንትያው ጋር ይገናኛ። ሲገናኙ የትኛው የበለጠ ያረጀል?

የመቶት ጊዜ በግሪክ ፊደል ታው (τ) ይወከላል፡፡ በዩክሊዲዳዊ የሥነ-ሥፍራ ሒሳባዊ ስሌት በሁለት ነጥቦች መካከል ያለው ርቀት አልቦ ከሆነ ሁለቱ ነጥቦች አንድ ላይ ያሉ ናቸው፡፡ ወይም የምናወራው ስለ አንድ ነጥብ እና አንድ ነጥብ በቻ ነው፡፡ በወጥ አንጻራዊነት ሥነመቶች ግን በሁለት ነጥቦች መካከል ያለው የመቶት ጊዜ አልቦ ነው ማለት ሁለቱ የመቶት ቅንብሮች በብርሃን ጨረር የመቶት መሥሠመር መገናኘት ይችላሉ ማለት ነው፡፡ በቀላሉ ለመረዳት የሚከተለውን ዝምድና አስተውል/ይ

$$\tau^2 = t'^2 - (x'/c)^2 = 0$$
$$\Rightarrow x' = \pm ct', x = \pm ct \tag{67}$$

የብርሃን ጨረር የመቶት መሥሠመር በሚያገናኛቸው ሁለት ነጥቦች መካከል ያለው የመቶት ጊዜ አልቦ ነው፡፡ ያ ማለት የብርሃን ጨረር የጊዜ መለኪያ ይዞ ቢጓዝ ምንም የጊዜ ልኬት አያሳይም ማለት ነው፡፡ ባጁ! $\tau^2 = t'^2 - (x'/c)^2 > 0$ የሚያምኂላ የመቶት ቅንብር የሚገኝበት የ $x - t, x' - t'$ ክልል **ጊዜ -ወይነት** ሲባል $\tau_s^2 = x'^2 - (ct')^2 > 0$ የሚያምኂላ ደግሞ **ቦታ-ወይነት** ይባላል፡፡ በተጓዳኝም τ_s **የመቶት** ርቀት (proper distance) ይባላል፡፡ ሥዕላዊ መግለጫ 8ን ተመልከት/ች፡፡ ከብርሃን ፍጥነት በላይ የሚጓዝ ምንም ነገር የለም ብለን ለመደምደም የሚያበቃን የፊዚካ ሕግ ካለ ፤ ፊዚካዊ የእንቅስቃሴ ሁነቶች ሁሉ በጊዜ-ወይነት የመቶት ቅንብር ውስጥ ይገኛሉ ማለት ነው፡፡ አንዱ በሰው ልጅ ሐሳብ ተቀባይነት ያለው የምክንያት-ውጤት ቅደም ተከተል ነው፡፡ በምክንያት-

ውጤት እሳቤ አንድን የምክንያት-ውጤት ጥንድ ያስተዋልን እንደሆነ ውጤት ከምክንያቱ አይቀድምም የሚል ነው። ችግኙ ከዘሩ አይቀድምም ፤ ድርጊቱ ከአጸፋው አይቀድምም ፤ እድገት ከውልደት አይቀድምም። በቦታ-ዐይነት የመቸት ቅንብር ግን የዚህ ዐይነት የምክንያት-ውጤት የቅደም ተከተል ሕግ አይሠራም። አንድ የመቸት ሁነት ፤ መረጃ ሳይደረግ ይታያል ፤ ሳይላክ ይደርሳል።

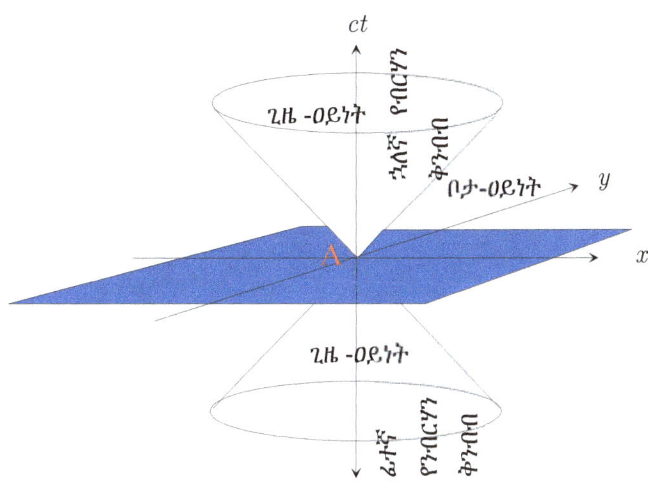

ሥዕላዊ መግለጫ 8: የብርሃን ቅንብብ እና ጊዜ-ዐይነት እና በቃ-ዐይነት የመቸት አንዛሞዎች

የቶሎታዎች ድመራ እና የብርሃን ፍጥነት አይበለጤነት

የባቡር ጣቢያ ፤ ባቡር ፤ አሻንጉሊት መኪና አስብ። ባቡሩ ከጣቢያው አንጻር በ x አቅጣጫ በ v ቶሎታ ይጓዝ። አሻንጉሊቱ መኪናም ከባቡሩ አንጻር በተመሳሳይ አቅጣጫ

---

[27]Space-time fabric (እንም /የልብስ የፈትል ሥራ ፤ ትት ፤ ስፌት ፤ ጥልፍ ኪ..ከ.)

በዚ ፍጥነት ይጓዝ። በጣቢያው ያለ ተመልካች ባቡሩ ውስጥ ያለን የመቶት ሁነት $x - t$ የመቶት ቅንብር ሥርዓት ይመዘግብ። በባቡሩ ውስጥም ያለ ተመልካችም እንደዚሁ ያንኑ የመቶት ሁነት በ$x' - t'$ የመቶት ቅንብር ሥርዓት ይመዘግብ። በአሻንጉሊቷ መኪና ውስጥ ያለ ተመልካችም እንደዚሁ በ$x'' - t''$የመቶት ቅንብር ሥርዓት ይመዘግብ።

መጠይቅ: አሻንጉሊቷ ከጣቢያው አንጻር በምን ያህል ፍጥነት ይጓዛል?

በጣቢያው እና በባቡሩ መካከል ያለ መናበብ

$$x' = \frac{(x - vt)}{\sqrt{1 - (v/c)^2}} \; ፥$$

$$t' = \frac{(t - \frac{vx}{c^2})}{\sqrt{1 - (v/c)^2}} ::$$

$$(68)$$

የአሻንጉሊቷ መኪና ከባቡሩ ጋር ፤ ብሎም ከጣቢያው ጋር ያለው የቦታ መናበብ

$$x'' = \frac{(x' - ut')}{\sqrt{1 - (u/c)^2}}$$

$$= \frac{(x - vt) - u(t - \frac{vx}{c^2})}{\sqrt{1 - (v/c)^2}\sqrt{1 - (u/c)^2}} ::$$

$$(69)$$

በማቀናበርም የአሻንጉሊቷ መኪና ቦታ ልኬት ከጣቢያው መቶት ጋር ያለውን መናበብ እንደሚከተለው እናገኛለን።

$$x''$$

$$= \frac{(1 + \frac{uv}{c^2})x - (v + u)t}{\sqrt{1 - (v/c)^2}\sqrt{1 - (u/c)^2}} :: \qquad (70)$$

በጣቢያው እና በአሻንጉሊት መኪናዋ መካከል ያለውን አንጻራዊ ቶሎታ ለማግኘት $x'' = 0$ እንዲሆን እናደርጋለን። ለምሳሌ $x' = 0$ በመውሰድ $x = vt$ እንደምናገኝ ሁሉ $x'' = 0$ በማድረግ $x' = ut$ ወይም $x = wt$ እናገኛለን። በጣቢያው እና በአሻንጉሊቷ መካከል ያለ አንጻራዊ ቶሎታ w ነው ማለት ነው። ስለዚህም

$$x'' = 0 \Rightarrow x = \frac{v + u}{1 + \frac{uv}{c^2}} t$$

$$w = \frac{v + u}{1 + \frac{uv}{c^2}} :: \qquad (71)$$

በነውተናዊ የመናበብ ሥርዓት $w = v + u$ ነው። ሁለቱ ቶሎታዎች ከብርሃን ፍጥነት አንጻር ትንንሽ እስከሆኑ ድረስ $\frac{uv}{c^2} \approx 0$። ስለዚህም በነውተናዊ አስተሳሰብ ከምናገኘው አንጻራዊ ቶሎታ $w = v + u$ እምብዛም የራቀ አይሆንም። ነገር ግን ሁለቱ ቶሎታዎች ወደብርሃን ፍጥነት ሲቃርቡ በነውተናዊው አስተሳሰብ እና በአንስታይን የወጥ አንጻራዊነት ንድፈ ሐሳብ (special theory of relativity) የምናገኘው መልስ በጣም የተለያየ ነው። ለምሳሌ $v = 0.6c$ እና $u = 0.6c$ ብንወስድ እንደ ኒውተናዊ ሐሳብ $w = 1.2c$እናገኛለን። ያ ማለት ከብርሃን ፍጥነን መሄድ

እንችላለን። ከብርሃን ፍጥነት በላይ የሚጓዙ ሁነቶች እንደ የወጥ አንጻራዊነት ንድፈ ሐሳብ፣ ቦታ-ዐይነት ሁነቶች ናቸው። እነዚህ ሁነቶች ደግሞ ቀድመን እንደተመለከትነው የምክንያት እና የውጤትን የቅደም ተከተል ሕግ አያከብሩም። በአንስታይን የወጥ አንጻራዊነት ንድፈ ሐሳብግን ሁለቱን ቶሎታዎች ብንጠቀም የምናገኘው ቶሎታ ከብርሃን ፍጥነት ያነስ ነው። $w = 1.2c/1.36 \approx 0.882c$።

ባጠቃላይም $v = c - \kappa$ እና $u = c - \lambda$ ብንወስድ

$$w = \frac{2 - \dfrac{\kappa + \lambda}{c}}{2 + \dfrac{\kappa\lambda}{c^2} - \dfrac{\kappa + \lambda}{c}}\, c \leq c \qquad (72)$$

እናገኛለን። ስለዚህም እንደ የወጥ አንጻራዊነት ንድፈ ሐሳብ ሁለት ወይም ከዚያ በላይ ቶሎታዎችን በአንጻራዊነት በማስሳል የብርሃንን ፍጥነት ማለፍ አንችልም።

በቀዱ.(71) የተሰጠው የወጥ አንጻራዊ ሥነመቶት የቶሎታዎች ድመራ የፈዛውን የሙከራው ውጤት መግለጥ ይችላል። የውኃ ነፃሬ ስብረት n ቢሆን የብርሃን ፍጥነት በውኃ ውስጥ $v = \dfrac{c}{n}$ ይሆናል። ቀዱ.(71) ውስጥ በመተካት ፈዛው ያገኘው የውኃውና የብርሃን ጨረሩ የጉዞ አቅጣጫ አንድ ዐይነት በሆነበት ቱቦ ውስጥ ያለው የብርሃን አንጻራዊ ፍጥነት በሚከተለው ዝምድና ይገለጻል።

$$w_+ = \frac{v + \dfrac{c}{n}}{1 + \dfrac{v}{cn}} \tag{73}$$

እስኪ ቀዱ.(73)ን ከፊዘው ግኝት ጋር እናነፃረው

$$\frac{v + \dfrac{c}{n}}{1 + \dfrac{v}{cn}} - \frac{c}{n} + v\left(1 - \frac{1}{n^2}\right)$$

$$= \frac{\dfrac{v^2}{cn}\left(\dfrac{1}{n^2} - 1\right)}{1 + \dfrac{v}{cn}} \tag{74}$$

$$\approx 0$$

ፊዘው ካገኘው ውጤት ጋር ትንሽ ልዩነት አለው፡፡ ግን በጣም ይቀራረባል፡፡

የወጥ አንጻራዊነትን የሥነመቶች ሕግ የሚከተል የጊዜ መለኪያ

አንባቢ እንዲረዳ የሚፈልገው አንድ ሰዓት ምንጊዜም መነሻውን መሞላት አለበት፡፡ አንድ ጊዜ መነሻው በአንድ የተመረጠ ነባሬ ዋቢ ሥርዓት የተናበበ አንጻርዊ የጊዜ መለኪያ እንደሚከተለው ማቀናበር እንችላለን፡፡

ሁለት መስታዋቶች ርስ በርሳቸው ትይዩ ይሁኑ፡፡ ከአንደኛው መስታወት ወደ ሁለተኛው ከሁለተኛውም ወደ አንደኛው የሚመላለስ የብርሃን ጨረር ይኑር፡፡ በሁለቱ መስታዋቶች መካከል ያለውን የቦታ ርቀት እና የብርሃን ፍጥነት ስለምናውቅ በብርሃን ጨረሩ የመመላለስ ሂደት ጊዜን መለካት እንችላለን፡፡ ይህ የጊዜ መለኪያ ወደ ጎን በv

ፍጥነት ቢንቀሳቀስ አንድ አሃድ ጊዜ[28] ጊዜን እንደሚከተለው ይለካል፡፡

$$d^2 = (c^2 - v^2)t'^2 \Rightarrow$$

$$t' = \frac{d}{c\sqrt{1 - (v/c)^2}} \qquad (75)$$

በነባሬው ዋቢ ሥርዓት የጊዜ ልኬታ የአንድ ቦግ-እልም ልኬት t ፤ ወይም $v = 0$ ሲሆን $d = ct$ ነው፡፡ ስለዚህም

$$t' = \frac{t}{\sqrt{1 - (v/c)^2}} \qquad (76)$$

t'እና t የሎሬንትዝን የመቶት መስተዛምድ የሚከተሉ ተናባቢዎች ናቸው፡፡

የመቶት ጊዜ በአውታረ-፪ የመቶት ቅንብር ሥርዓት

እስካሁን ቦታን በx — የቅንብር አውታርን ብቻ በመወከል ንድፈ ሐሳቡን ስንመለከት ቆይተናል፡፡ ይህ የቅንብር ሥርዓት አውታረ-፪ የመቶት የቅንብር ሥርዓት ነው - አውታረ-፪ የቦታ የቅንብር ሥርዓት ከጊዜ የቅንብር አውታር ጋር፡፡ አሁን የአውታረ-፫ የቦታ ቅንብር ሥርዓት ተቢዳኝ አውታሮችን ማለትም y እና zን ተሳታፌ እናድርጋቸው፡፡ የሚከተለውን ሐሳብ እንጠቀም፡፡ በx —አውታር ላይ ያለን በሁለት ነጥቦች መካከል ያለ ርቀት፤ በቅንብር ሹረት አይለወጤ ነው፡፡ ቢያሻን በy —አውታር ዙሪያ የቅንብር

ሥርዓቱን በፈቀድነው ዘዌ ብናሽረው ፣ ደግሞንም በz —አውታር ዙሪያ በፈቀድነው ዘዌ ብናሽረው በእነዚህ ሁለት በሹረት መስተዛምድ የተዛመዱ የቅንብር ሥርዓቶች ውስጥ ያሉ በሁለት ነጥቦች መካከል ያለው ርቀት አይለወጤ ነው፤ ነገር ግን በx —አውታር እና በx —ቅንብር ብቻ የሚገለጽ መሆኑ ቀርቶ የሦስቱም የቦታ ተለዋጮች ማለትም x ፣ y እና z ቅምር ይሆናል፡፡ እንዱን ነጥብ የአውታሮቹ አልቦ መነሻ (origin) ላይ ብናደርገው ፣ ይህ ነጥብ የቅንብር ሥርዓቱን በማሽር አይለዋወጥም ፣ በዚሁ የመነሻ ነጥብ እና በፈቀድነው የመድረሻ ነጥብ መካከል ያለው የዩክሊዳዊ ቦታ ርዝመት በፓይታጎረስ ቀመር እንደሚከተለው ይገለጻል፡፡

$$S^2 = (x - 0)^2 + (y - 0)^2 + (z - 0)^2 \qquad (77)$$
$$= x^2 + y^2 + z^2$$

በቀደመው በመቶት ርቀት ቀመር ውስጥ የተጠቀምነው የቦታ ተለዋጭ በx —የቅንብር አውታር ብቻ የተገለጸ ነበር ፣ ነገር ግን ከላይ በተነበበው አዋጅ ፣ የቦታ ውክሉን ባጠቃላይ x ፣ y እና z ተለዋጮችን በመጠቀም እንደሚከተለው ማስቀመጥ ይቻላል፡፡

$$\tau^2 = t^2 - \frac{1}{c^2} S^2 \qquad (78)$$

$$= t'^2 - \frac{1}{c^2}(x'^2 + y'^2 + z'^2)$$

የመቾት ጊዜ አይለወጤነት የወጥ አንጻራዊነት ንድፈ ሐሳብ ማዕከላዊ አቋም ነው። የብርሃን ፍጥነት $c = 1$ በሆነበት አሃድ ፣ በ $x - t$ የመቾት የቅንብር ሥርዓት ፣ የብርሃን ጨረር በ45° የብርሃን የመቾት መሥመር ይጓዛል። በአውታረ-፪ የቅንብር ሥርዓት ቦታን ብንገልጽ ፣ በዚሁ የቅንብር ሥርዓት ላይ በሁለቱ የቦታ የቅንብር አውታሮች በሣኣያዘው ወለል ላይ ቋሚ የሆነ የጊዜ የቅንብር ሥርዓት ብንነድፍ ፣ በዚህ የመቾት የቅንብር ሥርዓት ፣ የብርሃን ጨረር **የብርሃን ቅምብብ** ይሠራል ፣ ሥዕላዊ መግለጫ 8ን ተመልከት/ች። የብርሃን ቅምብብ ፣ የብርሃን ጨረር ፍኖተ መቾት ሊያርፍባቸው የሚችሉ ነጥቦችን የያዘ ቅምብብ ገጽ ነው። በሥዕሉ ላይ ሁለት ዐይነት የብርሃን ቅምብቦች ተነድፈዋል። አንደኛው ዐይነት ከ A የተላከ ብርሃን ሊያርፍባቸው የሚችሉ የመቾት ነጥቦችን የያዘ ገጽ ሲሆን **ኂለኛ**[29] **የብርሃን ቅምብብ** ይባላል። ሁለተኛው ዐይነት ደግሞ ፣ የብርሃን ጨረር ወደ A ሊልኩ የሚችሉ የብርሃን

---

[29] በአማርኛ ቋንቋ አጠቃቀም ፊት እና ኂላ አሻሚ በሆነ መልኩ ጥቅም ላይ ይውላሉ። ፊት በጊዜ ሲሆን ያለፈ ጊዜን ይገልጻል፤ በቦታ ሲሆን ደግሞ ፊት ለፊት የሚል ትርጉም ይኖረዋል። ለምሳሌ ወደ ኂላ ጊዜ ስንል በመጫው ጊዜ ማለታችን ነው። ወደኂላ ተቀመጥ ስንል ደግሞ ወደ ጀርባ ማለታችን ነው።

በአሁኑ አጠቃቀማችን የተጠቀምነው በጊዜ አገባብ ነው። ኂለኛ ስንል ፣ ከነጥብ A በዘገየ (በትንቢት) ጊዜ የሚሆን ማለታችን ሲሆን ፣ ፊተኛ ስንል ደግሞ ከነጥብ A በቀደም (ኃላፈ) ጊዜ የሆነ ማለታችን ነው።

የመቾት ነጥቦችን የያዘ ገጽ ሲሆን **ፈተኛ የብርሃን ቅምብብ** ይባላል።

አራት ምንዝር ቀስቶ ሥፍሮች (ቀስተ- q̲)

ለማስታወስ ያህል ቀስቶ ሥፍር መጠን እና አቅጣጫን የያዘ ልኬት ነው። ለምሳሌ ፍጥነት መጠን ብቻ ያለው-ጉዞ ሲካፈል ለወሰደው ጊዜ ብለን ስንበይን ፤ ቶሎታን ደግሞ አቅጣጫ ያለው ፍጥነት ወይም ፍጥነ ፍልሰት ብለን በይነነዋል። ስለዚህም ቶሎታ ቀስቶ ሥፍር ነው። በአውታረ-፫ የቦታ የቅንብር ሥርዓት ሦስት አባላት የቦታ ወካዮች x ፤ y እና z አሉ። በአንጻራዊነት ንድፈ ሐሳብ የአጻጻፍ ስልት በ$x^i - x^1$ ፤ x^2 ፤ x^3 ይሰየማሉ። i ላዕላይ አመልካች (superscript) ሲባል ከ 1 እስከ 3 መቁጠሪያ ቁጥሮችን ይይዛል። በሦስቱ የቦታ ወካዮች ላይ የጊዜ ወካይ እንጨምራለን-ይህም ገሃዱን ዓለም መግለጽ የሚችል አውታረ-q̲ መቾት ይሰጠናል። በዚህ የመቾት የቅንብር ሥርዓት ሥለ ቀስት-q̲ እናወራለን። በታሪካዊ ምክንያት የጊዜ አመልካች በአልቦ ይወከላል-ማለትም x^0 ጊዜን ይወክላል።

$$x^\mu = x^0 \text{ (የጊዜ ወካል)} ፤ \underbrace{x^1, x^2, x^3}_{x^i} \text{ (የሥፍራ}$$

$$\text{ወካሎች)}$$

አመልካች μ ከ 0 እስከ 3 የመቁጠሪያ ቁጥሮችን ይይዛል። ከዚህ በኋላ x^μ የመቾት ቅንብርን ያመለክታል አንድ የጊዜ ወካል እና ሦስት የሥራ ወካል ባጠቃላይ q̲ አባላትን

ይይዛል፦ አመልካች i ደግሞ ከ1 እስከ 3 የመቁጠሪያ ቁጥሮችን - ሦስቱን የአውታረ-ፎ የቦታ መለውጥ አባላትን ይይዛል፦ x^μ ቀስተ-ፎ ይባላል፦ ቀስቶ ሥፍሮች በሹረት እንደሚዛመዱ ሁሉ ፤ ቀስተ-ፎቾችም በሎሬንትዝ የመቺት መስተዛምድ ይዛመዳሉ፦ ለምሳሌ

$$x^{1\prime} = \frac{x^1 - vx^0}{\sqrt{1-(v/c)^2}}$$

$$x^{0\prime} = \frac{x^0 - vx^1}{\sqrt{1-(v/c)^2}} \qquad (79)$$

የመቺት ጊዜን እንደሚከተለው ባጭር የሒሳብ ሐረግ መጻፍ እንችላለን፦

$$d\tau^2 = -\eta_{uv}dx^\mu dx^\nu \qquad (80)$$

η የሚንኮውስኪ ሜትሪክ[30] በመባል ይታወቃል፦ እንደሚከተለው ይጻፋል፦

$$\eta = \begin{bmatrix} -c^2 & 0 & 0 & 0 \\ 0 & 1 & 0 & 0 \\ 0 & 0 & 1 & 0 \\ 0 & 0 & 0 & 1 \end{bmatrix} \qquad (81)$$

---

[30] የመቺት እንጦ (space time fabric) እንጦ- የልብስ የፈትል ሥራ ፤ ትት ፤ ስፌት ፤ ጥልፍ ኪ.ክ.

የቅንጣቶች የወጥ አንጻራዊነት ሥነ-እንቅስቃሴ

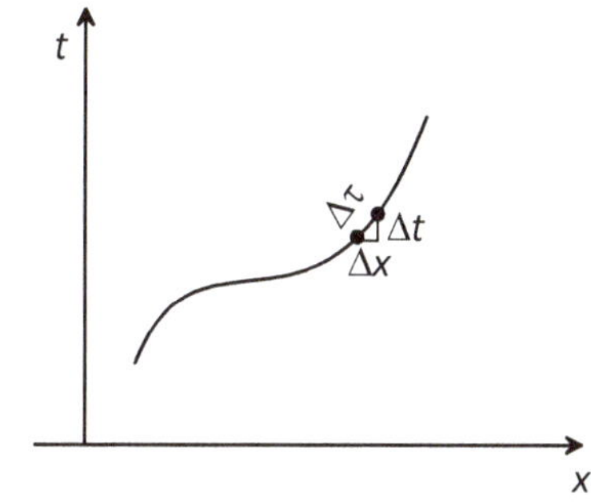

ከአንድ ፈለግ መቾት ላይ ሁለት ተቀራራቢ የመቾት ነጥቦችን እንውሰድ፡፡ ሥዕላዊ መግለጫውን ተመልከት/ቺ፡፡

በሁለቱ ነጥቦች መካከል ያለው የቀስተ-$\underline{0}$ Δ-ልዩነት በΔx^μ ይወከል፡፡ በመቀጠልም ቀስተ-$\underline{0}$ት የቾሎታ እሳቤን እንመለከታለን፡፡ እንደምናስታውሰው በኔውተናዊ (ጋሊሊዮዋዊ) ፊዚካ የቾሎታ ብይን በሁለት ነጥቦች መካከል ያለ ፍልሰት (ቀስቶ ርቀት) Δx^i ሲካፈል በሁለቱ ነጥቦች መካከል ያለውን ርቀት ለመጓዝ የወሰደው ጊዜ Δt ነው፡፡

$$v^i = \frac{\Delta x^i}{\Delta t} \qquad (82)$$

ቅጽበታዊ ቾሎታ ፣ በቅጽበት ጊዜ ውስጥ የተደረገ ፍልሰት dx^i ሲካፈል ለወሰደው ጊዜ dt ሲሆን ፣ ሒሳባዊ ብይኑ

$$v^i = \lim_{\Delta t \to 0} \frac{\Delta x^i}{\Delta t} = \frac{dx^i}{dt} \qquad (83)$$

የኔውተናዊ (ጋሊሊዮዋዊ) ቾሎታ በአውታረ-$\underline{3}$ ቦታ ሦስት v^1 ፣ v^2 ፣ v^3 ይኖሩታል፡፡ በዚህ በተለመደው ቾሎታ $\underline{0}$ኛ አባል የለም፡፡ $\underline{0}$ቾሎታ ታዲያ ምንድነው? $\underline{0}$ቾሎታ ሒሳባዊ ብይን እንደመደበኛው ቾሎታ Δx^i በΔt በማካፈል ፈንታ Δx^μን በ$\Delta \tau$ በማካፈል ነው፡፡ ስለዚህም

$$u^\mu = \frac{\Delta x^\mu}{\Delta \tau} \qquad (84)$$

$\underline{0}$ቶሎታ ይባላል። $\underline{0}$ ምንዝሮች አሉት። ከተለመደው የቶሎታ ብይን እንዴት ይዛመዳል? በ$\underline{0}$ ቶሎታ እና በመደበኛ ቶሎታ መካልከል ያለው ዝምድና ለመመልከት የሚከተለውን ሰንሰለት ልውጠት እንጠቀም

$$v^i = \frac{dx^i}{d\tau}\frac{d\tau}{dt} = u^i \frac{d\tau}{dt} \qquad (85)$$

$\underline{0}^{ኛ}$ው የ$\underline{0}$ቶሎታ ምንዝር 0 ብለን እንሰይመው። አመልካች i ከአንድ እስከ ሦስት እንደሚሄድ ተስማምተናል። ስለዚህ $u^i = \frac{\partial x^i}{\partial \tau}$ ባጠቃላይ ሦስት አባላት-$u^1 = \frac{\partial x^1}{\partial \tau}$ ፣ $u^2 = \frac{\partial x^2}{\partial \tau}$ ፣ $u^3 = \frac{\partial x^3}{\partial \tau}$ አሉት። ከቀደመው የቀስተ$\underline{0}$ ተለዋጭ አጸጻፍ እንደተስማማነው ለመቀጠል $\underline{0}$ኛውን የ$\underline{0}$ቶሎታ አባል $u^0 = \frac{\partial x^0}{\partial \tau}$ እንበለው። $x^0 = t$ መሆኑን አስታውሰን ቅመራችንን እንቅጥል። የመቸት ጊዜው τ እና የዋቢ ሥርዓቱ ጊዜ t የሚከተለው ዝምድና እንዳላቸው ተገንዝበናል።

$$d\tau = \sqrt{(dt)^2 - (dx^i/c)^2}$$
$$= dt\sqrt{1 - (\dot{x}^i/c)^2} \qquad (86)$$

ባለ ነቁጣው x^i ፣ ማለትም $\dot{x}^i = dx^i/dt$ ፣ የበታ ቅንብሮች የጊዜ ልውጠት ነው። በሌላ አገላለጽ $\dot{x}^i$ መደበኛ ቶሎታ ሲሆን $(\dot{x}^i)^2$ ደግሞ የመጠነ ቶሎታው ካሬ ነው።

$\dot{x}^i$ን የተለመደው የመደበኛ ቆሎታ ተለዋጭ v^i መጠቀም እንችላለን፦

$$\frac{dt}{d\tau} = u^0 = \frac{1}{\sqrt{1 - (v^i/c)^2}} \qquad (87)$$

ቀቁ. (85) እና (86) በመጠቀም

$$v^i = u^i \sqrt{1 - (v^i/c)^2} \qquad (88)$$

ወይም

$$u^i = \frac{v^i}{\sqrt{1 - (v^i/c)^2}} = v^i u^0 \qquad (89)$$

ዝምድናዎችን እናገኛለን፦ በተጨማሪም ቀቁ.(89) እንደሚከተለው በማዘጋጀት በዉቆሎታ አባላት መካከል የሚከተለውን ዝምድና ማግኘት እንችላለን፦

$$(u^0)^2 - \frac{1}{c^2}(u^i)^2 = 1 \qquad (90)$$

አንጻራዊ የመቾት ተግባረ-ሐዊስ፤ ትመት እና ኃይል

ከአንድ የመቾት ነጥብ ወደሌላ የመቾት ነጥብ ሲኬድ ፤ ፍኖቱን የምጥን ተግባረ-ሐዊስ መርጎ ይገዛዋል ካልን ፤ ተግባረ-ሐዊሱ ሁሉም ዋቢ ሥርዓቾች የሚስማሙበት ቢሆን መልካም ነው። ተግባረ-ሐዊስ በፍኖቱ ላይ የሚደረግ t —አልጎትእንደመሆኑ ፤ በdt — የሚታለደው ነገር በሁሉም ዋቢ ሥርዓቾችእንድ ዐይነት ቢሆን ጥሩ ነው። በአንጻራዊነት ንድፈ ሐሳብ ፤ በተለያየ የመቾት ፍኖት የሚጓዙ ተመልካቾች በቦታ ልኬት አይስማሙም ፤ በጊዜ

ልኬትም አይስማሙም። ነገr ግን ሁሉም ዋቢ ሥርዓቶች በመöት ጊዜ (proper time) ይስማማሉ። ስለዚህ በፈቀድነው የመöት ፍኖት ላይ ፣ የመöት ርቀቶችን በትንንሽ ጭማሬ እንደምራለን።

$$\Delta\tau = \Delta t \sqrt{1 - \frac{v^2}{c^2}} \qquad (91)$$

የመöት ጊዜው አሃድ የጊዜ አሃድ ነው። በሥነእንቅስቃሴ መጽሐፍ ውስጥ ላግራንጃዊ እና ሐሚልተናዊን ባቀርበኩበት ምዕራፍ (አንተነህ ብሩ, ነውተናዊ ሥነ-እንቅስቃሴ, 2024c) ፣ የተግባረ-ሐዊስ መለኪያ የኃይል አሃድ እና የጊዜ አሃድ ብዜት ነው። ይህን ለማድረግ የመöት ጊዜውን በ$-mc^2$ እናባዛለን። ይህን ማብዣ ለምን እንደመረጥን ወደፊት ግልጽ ይሆናል። በማስከተልም

$$\text{ተግባረ-ሐዊስ} = -mc^2 \sum \Delta t \sqrt{1 - \frac{v^2}{c^2}} \qquad (92)$$

Δt ኢምንት (dt) ሲሆን ከድምርሽ (summation) ወደ አልዶት(integration) እንዬዳለን።

$$\text{ተግባረ-ሐዊስ} = -mc^2 \int_a^b \sqrt{1 - \frac{v^2}{c^2}}\, dt \qquad (93)$$

የዚህ ተግባረ-ሐዊስ ላግራንዝዊ

$$L = -mc^2 \sqrt{1 - \frac{1}{c^2}(\dot{x}^2 + \dot{y}^2 + \dot{z}^2)} \quad (94)$$

ይህ የላግራንዝዊ ቀመር ሁሉም ዋቢ ሥርዓቶች የሚስማሙበት የነፃ ቅንጣትን (በመስክ ተጽእኖ ሥር ያልሆነች ቅንጣትን) እንቅስቃሴ የያዘ ቀመር ነው፡፡ የቢኖሽ ዝርዘራ አዋጅን (binomial thorem) በመጠቀም እና የሚከተለውን እናገኛለን፡፡

$$\frac{L}{mc^2}$$

$$= \left(-(\frac{v}{c})^2\right)^0 + \frac{1}{2}\left(-(\frac{v}{c})^2\right)^1$$

$$-\frac{1}{8}\left(-(\frac{v}{c})^2\right)^2 \qquad (95)$$

$$+\frac{1}{16}\left(-(\frac{v}{c})^2\right)^3 - \ldots$$

$$= \sum_{k=0}^{\infty} (-1)^k \binom{1/2}{k}(v/c)^{2k}$$

ከብርሃን ፍጥነት በእጅጉ ያነሰ ፍጥነት ያላቸው ቅንጣቶችን ወይም ቁሶችን ስናስብ ፣ ትልቅ ሃይል ያላቸው የቀመሩ አባላት (terms) መዋጫቸው በጣም ትንሽ ስለሚሆን ቆርጠን እንጥላቸዋለን፡፡ ይህን ሒሳብ ተከትሎ የሚከተለውን ቢኖሽ ዝርዘራ ተቃረብ (approximation) እንወስዳለን፡፡

$$L = -mc^2 \left\{ 1 - \frac{1}{2}\frac{v^2}{c^2} \right\}$$

$$= -mc^2 \qquad (96)$$

$$+ \frac{1}{2}mv^2$$

ከ$-mc^2$ ቀጥሎ የምንመለከተው አባለ ቀመር ፤ የተለመደው የኃይል ፍልሰት ቀመር ነው። እያወራን ያለነው ስለ ነፃ ቅንጣት በመሆኑ ይህ ላግራንዝዊ የዕምቅ ኃይል መዋጮ የለበትም (ይህም ማለት ቅንጣቲ የመስክ ተጽእኖ የለባትም ፤ ስለዚህም $E = 0$ ነው ማለት ነው) ሁለተኛ ፤ አባለ ቀመር$-mc^2$ በተጨማሪነት ገብቷል። የዚህ አባለ ቀመር መግባት ፤ አይለወጤ በመሆኑ ምክንያት ፤ ካገኘነው ላግራንዝዊ በመነሳት የቅንጣቲን ፍኖት ለመፈለግ በምናደርገው ሂደት ላይ ምንም ተጽእኖ የለውም። በዚሁ አጋጣሚም ፤ የዚህን አባለ ቀመር (mc^2) መጠን ጠገር ኃይል ብለን ስይመነው እናልፋለን። ይህ ኃይል ከቅንጣቲ መጠነ-ቁስ ጋር የተያያዘ ነው።

ትመት እና ኃይል በዚህ ላግራንዝዊ እንዴት እንደሆኑ እንመልከት። አሁን ትመት የመጠነ-ቁስ እና የቶሎታ ብዜት ነው የሚለውን የመነሻ ብይን እንተውና ፤ ለአጠቃቀም ምቹ የሆነ ፤ ጠቅለል ያለ ይዘት ያለው እና ላግራንዝዊ መሠረት ያለውን የትመት ብይን እንጠቀማለን (እንተነህ ብሩ, ኒውተናዊ ሥነ-እንቅስቃሴ, 2024c)።

$$p_i = \frac{\partial L}{\partial \dot{x}^i} = \frac{m\dot{x}^i}{\sqrt{1 - (v/c)^2}} = mu^i \qquad (97)$$

ከሁለተኛው «=» በኋላ ፤ ዝምድና

$$u^i = \frac{\dot{x}^i}{\sqrt{1-(v/c)^2}} \qquad (98)$$

ተጠቀመናል። በቀስተቷ ፤ $\underline{0}$ የቶሎታ አባላት እንዳሉ ሁሉ $\underline{0}$ የትመት አባላትም ይኖራሉ። አራተኛው የትመት አባል እንደሚከተለው ይገኛል።

$$p_0 = \frac{\partial L}{\partial \dot{x}^0} = \frac{m\dot{x}^0}{\sqrt{1-(v/c)^2}} \qquad (99)$$
$$= mu^0$$

በቀቁ.(87) እንዳገኘነው $u^0 = \dfrac{1}{\sqrt{1-(v^i/c)^2}}$ ስለሆነ

$$p_0 = \frac{m}{\sqrt{1-(v/c)^2}} \qquad (100)$$

የሚል ዝምድና እናገኛለን።

የቅንጣቷን ጠቅላላ ኃይል ለማግኘት ስልታዊው መንገድ ሐሚልተናዊውን መፈለግ ነው (አንተነህ ብሩ, 2024c)።

$$H = \dot{x}^r \frac{\partial L}{\partial \dot{x}^r} - L$$

$$= \frac{mv^2}{\sqrt{1 - (v/c)^2}}$$

$$+ mc^2\sqrt{1 - (v/c)^2} \qquad (101)$$

$$= \frac{mc^2}{\sqrt{1 - (v/c)^2}}$$

የ፪ቶሽ ዝርዘራ አዋጅን (binomial expansion theorem) በመጠቀም እና የመጀመሪያዎቹን ሁለት አባላት ዝርዝር በመውሰድ

$$H = \frac{mc^2}{\sqrt{1 - (v/c)^2}}$$

$$= mc^2 \qquad (102)$$

$$+ \frac{1}{2}mv^2$$

እናገኛለን። ያገኘነው ተቃረብ ሐሚልተናዊ የኃይል አሃድ እንዳለው ተመልከት/ች። ሐሚልተናዊ የሚሰጠን የቅንጣቲን ጠቅላላ ኃይል ነው (እንተነህ ብሩ, ኔውተናዊ ሥነ-እንቅስቃሴ, 2024c)። ስለዚህም ጠቅላላ ኃይሉን በE በመወከል እንደሚከተለው እናስቀምጣለን።

$$E = mc^2 + \frac{1}{2}mv^2 \qquad (103)$$

የቅንጣቲ ቶሎታ አልቦ ሲሆን $(v = 0)$ የአንስታይንን ቀመር

$$E = mc^2 \qquad (104)$$

እናገኛለን። ስለዚህ m አልፎ አልፎ *ዕሩፍ መጠነ-ቁስ* (rest mass) ይባላል። በዚህ መጽሐፍ ውስጥ ይህን ኃይል *ጠጋር ኃይል* ብለነዋል። የአንስታይን $E = mc^2$ የሚነግረን የቁስን የኃይል ይዘት ነው። ትንሽ መጠነ-ቁስ የእጅግ ብዙ ኃይል ዕምቅ ናት። ተመሳሳይ ነገር ለማሳየት ቀደም ያሉ ሙከራዎች እንደነበሩ አንዳንድ ጽሑፎች ይጠቁማሉ[31]።

አንስታይን የመጠነ-ቁስ እና የኃይል ዝምድና (አንድነት) በመጀመሪያ የደረሰበት ባቀረብንበት መንገድ አልነበረም።

---

[31] ቢቤክ አኖንዶ (በምዕራባዊያን ቪቬክ አናንዳ ይባላል) የሚባል የህንድ መነኩሴ (ሻሚ ፤ ስዋሚ) የህንዳዊ ሃይማኖትን በዓለም ሃይማኖቶች ፓርላማ ላይ ለማስተዋወቅ ፤ በ<u>ቺካጎ</u> እአአ ቸካጎ ፤ አሜሪካ ተገኝቶ ነበር። በዚሁ ፓርላማ ላይ ባደረገው ንግግር እውቅና በማግኘቱ ፤ የህንድ ፍልስፍናዎችን ቬዳንታ እና ዮጋ በማስተዋወቅ በዚያው በአሜሪካን ሀገር ቆይቷል። በዚሁ ጊዜ ከተዋወቃቸው የሳይንስ ሊቆች አንዱ ኒኮላስ ተስላ ነበር። ቢቤክ አኖንዶ ከተላላካቸው ደብዳቤዎች ውስጥ የሚከተለው ይገኝበታል። «አቶ ተስላ *ግደት እና ቁሽ ከዕምቅ ኃይል* ጋር በሒሳባዊ ስሌት ማዛመድ እንደሚችል ያስባል። ይህን አዲስ ሒሳባዊ ዝምድና ለማየት በሚቀጥለው ሳምንት ሄጀ አገኘዋለሁ። ያ ከሆነ የቬዳንታ ሥነ-ኮስምስ በእርግጥ መሠረት ላይ የቆመ ይሆናል። በአሁኑ ወቅት በቬዳንታ *ሥርዓተ ዓለም* (cosmos) እና *የዓለማት ፍጻሜ* (Eschatology) ላይ ብዙ እየሠራሁ ነው። ከዘመናዊ ሳንይስ ጋር ያላቸውን ፍጹም መዋሐድ እና የአንደኛው ሌላኛውን መደገፍ በግልጽ እየተመለከትሁ ነው።»[31]
አንዳንድ ምንጮች እንደሚሉት በወቅቱ በግደት እና በኃይል መካከል ግልጽ ያለ የቀA አጤቃቀም ባለመኖሩ ቢቤክ አኖንዶ *ኢካሽ* እና *ፕራና* የሚሉ የሳንስክሪት ቃላትን *ቁስ* እና *ግደት* ብሎ በመተርጎሙ ነው። ፕራና ግደት ሳይሆን ኃይል ተብሎ ቢተረጎም የተሻለ አግባብነት አለው ይላሉ። ኒኮላስ ተስላ የሁለቱን መጠኖች ዝምድና ማሳየቱን የሚጠቁም መረጃ የለም። ይህ ደብዳቤ ከተጻፈበት ጊዜ ከዐሥር ዓመት በኋላ ፤ የኃይል እና የቁስ የዝምድና ቀመር በአንስታይን ተደረሰ።

በ፲፱፻፷ ድልክ እ.ኢ.ኣ. ፤ «የአንድ አካል ፍዘተ-ቁስ

(inertia) በኃይል ይዘቱ ላይ የተመሠረተ ነውን?»

የሚል ሳይንሳዊ ጽሑፍ አሳተሟል። የአንስታይን አቀራረብ በአባሪ **ለ** ላይ ቀርቧል።

$E = mc^2$ ሲነሳ አተም ቦምብም አብሮ የሚነሳ ጉዳይ ነው። ለአቶም ቦምብ መበልጸግ ምክንያት ይህ የአንስታይን ቀመር መሆኑ ይታሰባል። ነገር ግን ፤ ቀመሩ የቁስ እና የኃይልን ዝምድና ከመግለጽ ባሻገር ከአተም ቦምብ ጋር ቀጥተኛ የሆነ ግንኙነት የለውም። በሁለተኛው የዓለም ጦርነት ጀርመን አተም ቦምብ ታበለጽጋለች የሚል ሥጋት ነበር። ይህንንም በሚያረጋግጥ መልኩ በቼኮዝላቫኪያ የሚገኙ የዩራኒየም ማዕድን መቆፈሪያ ቦታዎች በመቆጣጠር ማዕድኑ እንዳይሸጥ አግዳ ነበር። አንስታይን ነሐሴ ፪ በ፲፱፻፴፱ እኣኣ ለሩዝቬርቬልት ይህንኑ በሚገልጽ እና አሜሪካ ቦምቡን እንድታበለጽግ በሚገፋፋ መልኩ (በሊዎ ስዚላርድ የተጻፈ በአልበርት አንስታይን የተፈረመ)

ደብዳቤ ላከ። ሩዝቬልትም ጥቅምት ፲፱ ፲፱፻፴፱ እኣኣ ነገሩን መቀበሉን ፤ ኮሚቴ እና ተጠሪ ማቀናጀቱን ገልጾ እና አመስግኖ ለአንስታይን ምላሽ ሰጠ።

ከዚያ በኋላ የማንሀተን ፕሮጀክት በመባል የሚታወቀው እና በኦፐንሄይመር የተመራው የአቶም ቦምብ ብልጸጋ ሥራ ተጀመረ (Groves, 1985)። በዚሁ ወቅት አካባቢ ጀርመኒም በሐይሰንበርግ አማካኝነት ይህንኑ ሥነዘዴ ለማበልጸግ እና ለጦርነቱ ለማዋል ጥረት አድርጋለች። ነገር

ግን የተሳካ አልነበረም። ሐይሰንበርግ የመራቸው ሁለት ሙከራዎች ስኬታማ ውጤት ሳያሳዩ ቀሩ (Macrakis, 1993)። በማንህተኑ ፕሮጀክት በነምሌ ‭ሯየሣቴ‬ እአአ ነው ሜክሲኮ በረሀ ላይ የተደረገው የሙከራ ፍንዳታ ስኬታማ ነበር። በዓለማችን የሰው ልጅ ታሪክ ለመጀመሪያ ጊዜ የአተም ቦምብ በነሐሴ ‮፮‬ ‭ሯየሣቴ‬ እአአ ጦርነት ላይ ዋለ። የማንህተን ፕሮጀክት ያመረታት ሊትል ቦይ (ትንሽ ልጅ)

የተሰኘችው የዩራኒየም ባለ ቃታ አተም ቦምብ ፣ ሄሮሽማ በተሰኘችው የጃፓን ከተማ ላይ ዩናይትድ ስቴትስ ኦፍ አሜሪካ አፈነዳች። ከሦስት ቀን በኋላ ፣ ነሐሴ ‮፱‬ በዚያው ዓመት፣ ፋት ማን (ወፍራም ሰው) የተሰኛ የፕሉቶኒየም ውስጥ ፈንጅ (ኢምፕሎዲንግ) አተም ቦምብ ናጋሳኪ በምትባል ሌላ የጃፓን ከተማ ላይ ጣለች። በሁለቱ የአተም ቦምቦች በሕይወትም በንብረትም ብዙ ጥፋት አደረሱ።

ሥዕላዊ መግለጫ 5: አንደ ቅደም ተከተላቸው ሊትል ቦይ እና ፋትማን (Groves, 1985)

Albert Einstein
Old Grove Rd.
Nassau Point
Peconic, Long Island

August 2nd, 1939

F.D. Roosevelt,
President of the United States,
White House
Washington, D.C.

Sir:

Some recent work by E.Fermi and L. Szilard, which has been communicated to me in manuscript, leads me to expect that the element uranium may be turned into a new and important source of energy in the immediate future. Certain aspects of the situation which has arisen seem to call for watchfulness and, if necessary, quick action on the part of the Administration. I believe therefore that it is my duty to bring to your attention the following facts and recommendations:

In the course of the last four months it has been made probable - through the work of Joliot in France as well as Fermi and Szilard in America - that it may become possible to set up a nuclear chain reaction in a large mass of uranium,by which vast amounts of power and large quantities of new radium-like elements would be generated. Now it appears almost certain that this could be achieved in the immediate future.

This new phenomenon would also lead to the construction of bombs, and it is conceivable - though much less certain - that extremely powerful bombs of a new type may thus be constructed. A single bomb of this type, carried by boat and exploded in a port, might very well destroy the whole port together with some of the surrounding territory. However, such bombs might very well prove to be too heavy for transportation by

-2-

The United States has only very poor ores of uranium in moderate quantities. There is some good ore in Canada and the former Czechoslovakia, while the most important source of uranium is Belgian Congo.

In view of this situation you may think it desirable to have some permanent contact maintained between the Administration and the group of physicists working on chain reactions in America. One possible way of achieving this might be for you to entrust with this task a person who has your confidence and who could perhaps serve in an inofficial capacity. His task might comprise the following:

a) to approach Government Departments, keep them informed of the further development, and put forward recommendations for Government action, giving particular attention to the problem of securing a supply of uranium ore for the United States;

b) to speed up the experimental work,which is at present being carried on within the limits of the budgets of University laboratories, by providing funds, if such funds be required, through his contacts with private persons who are willing to make contributions for this cause, and perhaps also by obtaining the co-operation of industrial laboratories which have the necessary equipment.

I understand that Germany has actually stopped the sale of uranium from the Czechoslovakian mines which she has taken over. That she should have taken such early action might perhaps be understood on the ground that the son of the German Under-Secretary of State, von Weizsäcker, is attached to the Kaiser-Wilhelm-Institut in Berlin where some of the American work on uranium is now being repeated.

Yours very truly,

A. Einstein

(Albert Einstein)

THE WHITE HOUSE
WASHINGTON

October 19, 1939

My dear Professor:

I want to thank you for your recent letter and the most interesting and important enclosure.

I found this data of such import that I have convened a Board consisting of the head of the Bureau of Standards and a chosen representative of the Army and Navy to thoroughly investigate the possibilities of your suggestion regarding the element of uranium.

I am glad to say that Dr. Sachs will cooperate and work with this Committee and I feel this is the most practical and effective method of dealing with the subject.

Please accept my sincere thanks.

Very sincerely yours,

Franklin D. Roosevelt

Dr. Albert Einstein,
Old Grove Road,
Nassau Point,
Peconic, Long Island,
New York.

ሥዕላዊ መግለጫ 9: በነሐሴ 6 እና 9 ወደ ሂሮሽማ ፣ ናጋሳኪ እና ኮኩራ (ለነሐሴ 6 የመጀመሪያ ዒላማ የነበረ በታ) ይታያሉ። ካርታው እና የካርታው መግለጫ ለማነበራዊ ጥቅም በኢንተርኔት የተለቀቀ ከ (Groves, 1985) የተወሰደ እና ትንሽ የተጨመረበት።

የቁስ አልባ ቅንጣቶች ኃይል

ቁስ አልባ ቅንጣቶች በብርሃን ፍጥነት ይንቀሳቀሳሉ። ለምሳሌ ብርሃን ፎቶን (ቅንጠ ብርሃን) የተሰኙ ቅንጣቶች አሉት። እነዚህ ቅንጣቶች ኃይል አላቸው። በመሆኑም የፀሐይ ብራሃን በቁሶች ላይ ሲያርፍ ወደሙቀት ይቀየራል። $E = mc^2$ የሚለውን ቀመር ያስብን እንደሆነ ግን መጠነ-

ቁስ የለሽ ነገር ኃይል የለሽ ይሆናል ይላል። ይህ ከሆነ ብርሃን ኃይል የለውም ማለት ነው? ነገር ግን ከፀሐይ ብርሃን ሃይል እንደሚገኝ እናውቃለን ፤ ተከሎች ምግባቸውን ለማዘጋጀት ይጠቀሙበታል። በተጨማሪም ለምሳሌ አሽቅሻቂ የሆነ የ*ፖሲትሮኒየም* ቅንጣት እናስብ። *ፖሲትሮኒየም* ሲፈራርስ ወደሁለት ፎቶኖች ይቀየራል። *ፖሲትሮኒየም* ከመነሻው መጠነ-ቁስ ስላለው ፤ ኃይለ ቁስ ዝምድና $E = mc^2$ ኃይል አለው። ከፈራረስ በኋላ የሆናቸው ፎቶኖች መጠነ-ቁስ አልባ ናቸው። ቀመሩ ውስጥ በመጠቀም $E = 0$ ካገኘን ፤ የዕቆበተ ኃይል ሕግ (energy conservation law) ተጥሷል ማለት ነው። ወይም የቀመሩ አቀማመጥ ፤ መጠነቁስ ላላቸው ነገሮች አመች ሆኖ እንደ ፎቶን (ብሩህ ቅንጣቶች[32])መጠነ ቁስ ለሌላቸው ቅንጣቶች የማይመች ነው?

ለቁስ አልባ ቅንጣቶች ፤ በመጠነ-ቁስ ፈንታ ትመትን መጠቀም የተሻለ አማራጭ ሆኖ ተገኝቷል።

በቀዱ.(90) ያገኘነውን የቀስተ-$\underline{0}$ ዝምድና እንጠቀማለን። ሙሉውን እኩልዮሽ በመጠነ-ቁስ (mc^2) በማባዛት

$$mc^2(u^0)^2 - m(u^i)^2 = mc^2 \quad (105)$$

በትመት እና በኃይለ ፍልሰት መካከል ያለው ዝምድና እንደሚከተለው መሆኑን እናስታውስ

---

³² ፎቶኖች

$$E = \frac{1}{2}mv^2 = \frac{p^2}{2m} \Rightarrow v^2 = \frac{p^2}{m^2} \quad (106)$$

ቶሎታውን በመተካት እና በማቀናበር

$$E^2 - p^2c^2 = m^2c^4 \Rightarrow E = \sqrt{m^2c^4 + p^2c^2} \quad (107)$$

ስለዚህ $m = 0$ ሲሆን

$$E = c|p| \quad (108)$$

እናገኛለን። $|p|$ የትመት መጠን ነው። ይህ ቀመር የመጠነ-ቁስ አልባ ቅንጣቶችን ፤ የሞገዶችን ኃይል ለማግኘት የሚጠቅም ነው።

መስኮች

እናስታውስ፣ መስክ በመቾት የቅንበር ሥርዓት ፤ በየትኛውም የመቾት ነጥብ ዕሴት ያለው ነገር ነው (አንተነህ ብሩ, የቅምሮች እና የቀስቶ ሥፍሮች ሥነ-ስሴት, 2024b)። ለምሳሌ መጠነ ሙቀት ከሙቀት ምንጩ ጀምሮ እየራቅን ስንሄድ መጠኑ የሚቀንስ የመጠነሙቀት መስክ (ነፋስ ሙቀት ፤ ግለት) አለው። እንደዚሁም በአየር ትንበያ ካርታ ላይ የነፋስ ቶሎታ መስክ በካርታው እያንዳንዱ ነጥብ ላይ ቀስት በመሰየም ሊሥራ (ሠ ይጠብቃል) ይችላል። የመብርሂት መስክ ከመብርሂት ሙል (charge) የሚመነጭ በቦታ ሁሉ የሚነፍስ ሁነት ነው። በመብርሂት ድባብ ውስጥ የሙከራ ሙል ሲቀመጥ ፤ በመብርዬው ድባብ ምክንያት ሙሉ ይመነጠቅ ዘንድ ይገደዳል። ሁለት ዐይነት መስኮች አሉ። ሥፋር እና ቀስቶ መስኮች። ሥፋር መስኮች

መጠን ብቻ ያላቸው ሲሆኑ ፤ ቀስቶ መስኮች ደግሞ
መጠንም አቅጣጫም ያላቸው ናቸው። ለምሳሌ የመጠነ-
ሙቀት መስክ ሥፋር መስክ ነው። የነፋስ ቶሎታ መስክ
ደግሞ ቀስቶ መስክ ነው።

በተግባር የአብዛኛው መስኮች አቅም ከምንጩ እየራቀ
ሲሄድ እየቀነሰ በመጨረሻም አቅም የለሽ ይሆናል። መስክ
በግሪክ ፊደል φ (ፋይ) ይወከላል። የቦታ እና የጊዜ ቅምር
ሊሆን ይችላል። ቁሳዊ መስክን በሒሳባዊ መንገድ
ለመቀመር ተግባረ-ሐዊሱን እንፈልጋለን።

ላግራንዝዊ ቅምር የኃይል እንቅስቃሴ እና ዕምቅ ኃይል
ልዩነት መሆኑን እናውቃለን (አንተነህ ብሩ, 2024c)።
መስካችን በ φ ከተወከለ እና የጊዜ ብቻ ቅምር ከሆነ ግብሩ
እንደሚከተለው ነው ማለት ነው።

$$\text{ተግባረ} - \text{ሐዊስ} = \int_a^b \left\{ \frac{m}{2} \dot{\varphi}^2 - V(\varphi) \right\} \mathrm{dt} \text{ ፤ } L \qquad (109)$$

$$= \frac{m}{2} \dot{\varphi}^2 - V(\varphi)$$

የኦይለር-ላግራንጅ እኩልዮሽ

$$\frac{\mathrm{d}}{\mathrm{dt}} \frac{\partial L}{\partial \dot{\varphi}} = \frac{\partial L}{\partial \varphi} \qquad (110)$$

በሁለት የመቶት ነጥቦች መካከል ምጥን ተግባረ-ሐዊስ
ይሰጠናል። ከላይ ያስቀመጥነው ተግባረ-ሐዊስ እና
ላግራንዝዊ ፤ መስኩ የጊዜ ብቻ ቅምር ከሆነ ነው። በዚህ

ላይ በመመርኮዝ የቁሳዊ ነፋስትን መስክ ንድፈ ሐሳብ መርኖችን እንገምት። በልሙ·ድ (classical , nonrelativistic) የሥነ-እንቅስቃሴ ጥናት ፥ ምጥን ተግባረ-ሐዊስ መርኅ ጉልህ ሚና ያለው መርኅ ሲሆን ለአንድ ቅንጣት ብቻ ሳይሆን ለብዙ ቅንጣቶች ፥ ለጋዞች ወዘተ የሚጠቅም ስልት ሆኖ ተገኝቷል (አንተነህ ብሩ, ኔው·ተናዊ ሥነ-እንቅስቃሴ, 2024c)። ስለዚህም ይህንኑ መርኅ በሰፈው ገ›ዳዊ ሁነት ይሠራል ብለን እናስብ። መስኩ የጊዜ ብቻ ሳይሆን የህዋ (ሥፍራ) ልኬትም ቅምር ከሆነ ፥ በከርብ ብቻ አይገለጽም። ለምሳሌ የአው·ታረ-ቧ ቦታ እና የጊዜ ቅምር ቢሆን መስኩ ገጽ ይሆናል- አው·ታረ-ቧወቧዓለም። የገሀዱ ዓለም አው·ታረ-ቧወቧዓለም ነው (ሦስት የቦታ ፥ አንድ የጊዜ)።

የምጥን ተግባረ-ሐዊስ መርኅስ እንዴት ይሆናል? መስኩ የጊዜ ብቻ ቅምር ሲሆን ተግባረ-ሐዊሱን በሁለት ነጥቦች መካከል ዝቅ (ወይም ነባሬ) የሚያደርገውን ከርብ መፈለግ ነበር። መስኩ የመቺት ቅምር ሲሆን ፥ ተመሳሳዩ አቀራረብ የመስኩን በመቺት ድንበር በማጠር ፥ ዳርቻውን በመጠበቅ ፥ በዳርቻው በታጠረው ግዛት ውስጥ ተግባረ-ሐዊሱን ዝቅ (ወይም ነባሬ) የሚያደርገውን ውቅር እስከምናገኝ ድረስ ወደላይ ወደታች እናደርጋለን። በተግባር ይህን እንዴት ማድረግ እንችላለን? በመጀመሪያ የግብሩ ቀመር ያስፈልገናል። በመቀጠል በዳርቻው አጥር ውስጥ የተከለለውን ግዛት ወደ ትንንሽ ሕዋስ በመከፋፈል በያንዳንዱ ሕዋስ ውስጥ ተግባረ-ሐዊሱን እናዋቅርና እንደምራለን። በመቀጠልም ሐሳቡን በአንጻራዊ የመቺት

ንድፈ ሐሳብ አካሄድ እናበለጽገዋለን። ግብሩ ለየትኛውም ዋቢ ሥርዓት አንድ ዐይነት ቀርጽ ቢኖረው የተመረጠ ነው። ስለ ቅንጣቶች ስናወራ ፤ የመቺት ጊዜን ተጠቅመን ተግባረ-ሐዊሱን ቀምረን ነበር። በቁሳዊ ነፋሳት መስክ ንድፈ ሐሳብም ተመሳሳይ ነገር ማድረግ እንፈልጋለን። መስኩ ሥፉር ወይም ቀስቶ ሊሆን ይቸላል።

ሐተታችንን ለጊዜው እዚህ ላይ እናቆማለን። ወደፊት ተጨማሪ የወጥ አንጻራዊነት ሥነመቺትንእና የአንጻራዊነት ሥነመቺትን ማጠቃለያ ለማቅረብ እሞክራለሁ።

አባሪዎች

በዚህ ክፍል ፤ ለአንዳንድ ሐሳቦች ተጨማሪ ማዳኛሻ የሚሆኑ ርዕሶች ተካተዋል።

ሀ) የአክሲማሮስ ሥነቁስ

በሀገራችን ተተርጉመው ከሚገኙ ቀደምት የሥነ-ቁስ ሐተታዎች በመጽሐፈ አክሲማሮስ የሚገኘውን እንመልከት (መጽሐፈ አክሲማሮስ-ዘስድስቱ ዕለታት, ፲፱፻፸፱ ዓትም)።

እንደ አክሲማሮስ አራት መሠረታዊ ባሕርያት አሉ።

«ስምዑኬ መንክራቲሁ ለእግዚአብሔር በቀዳሚ ፈጠረ ንስቲተ እሳት ወካዕበ ፈጠረ ንስቲተ ነፋስ ወሣልስ ፈጠረ ንስቲተ ማየ ወራብዓ ፈጠረ ንስቲተ መሬት እሉ እሙንቱ ፬ቱ ጠባይዓ።»

በማለት የትኛው ግዑዝ ነገር ከእሳት ፤ ከነፋስ ፤ ከውኃ እና ከመሬት የተገኘ እንደሆነ ያትታል። እነህ አራቱ ርስበርሳቸው እንዴት እንደሚዋሃዱ እና ግዙፍ ነገር የሚመሰረቱት በሚከተለው ባሕርያቸው ነው ይላል።

«እነዚህም አራቱን ብዞ ተባዙ ስፉ ተስፋፉ ብሎ በሃልዮ ቢያዘዣቸው በዞ ተባዙ ስፉ ተስፋፉ ሕሊና እግዚአብሔር የመጠነላቸው ደርሰው ቆሙ በከሀሊነቱ ጸኑ ፤ እራሳቸውን ቻሉ ፤ ከመጠነላቸውም አልፈው ምንም አልጨመሩም አልነደሉምም።»

«እሳት ውኃን ያፈላዋል ፤ ውኃ እሳትን ያጠፋዋል ፤ ንፋስ መሬትን ይበትነዋል ይዘረዝረዋል ፤ መሬትም ነፋስን ይገድበዋል ፤ነፋስ ውኃን ያማታዋል ፤ እንደከበሮ ያስጮኸዋል።»

እነዚህን አራቱን ባሕርያት ለማስታረቅ ሦስት ሦስት ግብር ያላቸው እያደረገ ፈጥሮአቸዋል ኩፋ ፷ ፤ ፲፯ ግብራቸውስ ምን ምን ነው ቢሉ ፤ «የእሳት ግብሩ ብሩኅነት ፤ ሞቃትነት ፤ ደረቅነት ነው። የነፋስ ግብሩ ሞቃትነት ፤ ቀዝቃዛነት ፤ ጥቁርነት ነው። የውኃ ግብሩ ብሩኅነት ፤ ርጥብነት ፤ ቀዝቃዛነት ነው። የመሬት ግብሩ ደረቅነት ፤ ጥቁርነት ፤ ርጥብነት ነው።»

እንደዚሁም "ብርሃን ከእሳት የተገኘ ነው። ጨለማ ከበርባሮስ ነው።" ይላል።

ሰንጠረዥ: መሠረታዊ ባሕርያት

ቁ.	መሠረታዊ ባሕርይ	ምልክት
፩	ብሩኅነት	
፪	ሞቃትነት	
፫	ደረቅነት	
፬	ቀዝቃዛነት	
፭	ጥቁርነት	
፮	ርጥብነት	

ሰንጠረዥ: ቅምር ባሕርያት

ቁ.	ቅምር ባሕርይ	ምልክት
፩	እሳት	
፪	ውሃ	
፫	ነፋስ	
፬	መሬት	

እነዚህን ሲያዛምዳቸው እንደምን ነው ቢሉ ፤ እሳትን በሙቀቱ ከነፋስ ጋር ፤ በብሩኅነቱ ከውሃ ጋር ፤ በደረቅነቱ ከመሬት ጋር አዋህዶ አስማምቶታል። ነፋስንም በሙቀቱ ከእሳት ጋር ፤ በቀዝቃዛነቱ ከውሃ ጋር ፤ በጥቁርነቱ ከመሬት ጋር አዋህዶ አስማምቶታል። ውሃንም በብሩኅነቱ ከእሳት ጋር ፤ በቀዝቃዛነቱ ከነፋስ ጋር በርጥበቱ ከመሬት ጋር አዋህዶ አስማምቶታል። መሬትንም በደረቅነቱ ከእሳት ጋር ፤ በጥቁርነቱ ከነፋስ ጋር ፤ በርጥበቱ ከውሃ ጋር አዋህዶ አስማምቶታል።»

ከፍተኛ ደረጃ አደረጃጀቶች ለማየት ያህል የመጽሐፉ አዘጋጆችን የሥነፍጥረት ሥርዓት በሚከተለው ሥዕላዊ መግለጫ እንመልከተው::

ሰንጠረዥ: አካላት

ቁ.	አካል	ቀመር	ምልክት
፩	ፀሐይ	እሳት + ነፋስ	
፪	ጨረቃ	ውሃ + ነፋስ	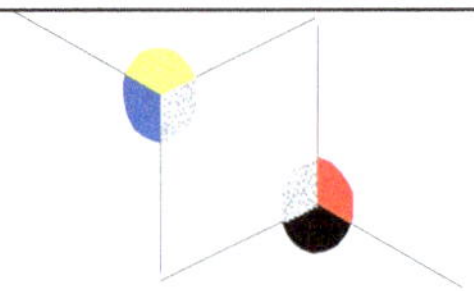
፫	(ሥጋ)	እሳት + ነፋስ + ውሃ + መሬት	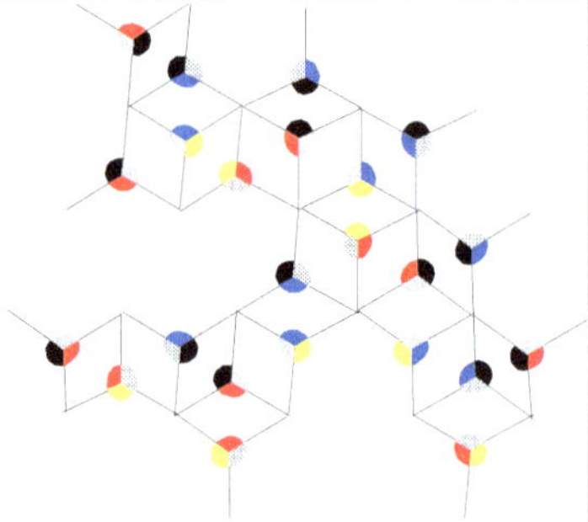

ለ) አንስታይን $E = mc^2$ን ያገኘበት መንገድ

ቀጥታ ትርጉም

«በ(x, y, z) የቅንብር ሥርዓት ውስጥ የሆኑ የብርሃን ጠለል ሞገዶች (plane waves) L ያህል ኃይል ይኑራቸው። የብርሃን ጨረሩ አቅጣጫ ከx —የቅንብር አውታር አንጻር ϕ ዘዌ ይኑረው። ከቀደመው የቅንብር ሥርዓት አንጻር ፥ በወጥ ቶሎታv በ x —ትይዩ አቅጣጫ የሚጓዝ አዲስ የ(ξ, η, ζ) ቅንብር ሥርዓት እናስብ። ይህ የብርሃን ጨረር በ(ξ, η, ζ) የቅንብር ሥርዓት ሲለካ

$$L^* = L\frac{1 - \frac{v}{c}\cos\phi}{\sqrt{1 - v^2/c^2}} \qquad (111)$$

ኃይል ይኖረዋል።

ይህን ውጤት እንደሚከተለው እንጠቀምዋለን። በ(x, y, z) የቅንብር ሥርዓት ዕሩፍ አካል ይኑር። በ(x, y, z) የቅንብር ሥርዓት ዋቢነት E_0 የአካሉ ኃይል ይሁን። የዚሁ አካል ኃይል ፥ ከላይ እንደተገለጸው በቶሎታ v ከሚንቀሳቀስ የቅንብር ሥርዓት አንጻር H_0 ይሁን። ይህ አካል ከx — አውታር ϕ ዘዌ ባለው አቅጣጫ ከ (x, y, z) የቅንብር ሥርዓት አንጻር ሲለካ $\frac{1}{2}L$ ያህል ኃይል ያለው ፥ በአብሮነት (simultaneously) እና በተቃራኒ አቅጣጫዎም ከዚሁ መጠን እኩል የብርሃን ጠለል ሞገድ (plane waves)

ይላክ። በዚሁ ጊዜም አካሉ h(x, y, z)የቅንብር ሥርዓት አንጻር ዕሩፍ ይሁን። በዚህ ሂደት ላይ ፤ በእርግጥም (በአንጻራዊነት መርኅ መሠረት) ከሁለቱም የቅንብር ሥርዓቶች አንጻር ፤ ዕቅበት ኃይል [የኃይላት አይጠፋ አይፈጠሬነት] ተግባራዊ መሆን አለበት። የአካሉን ኃይል k (x, y, z) ወይም k(ξ, η, ζ) አንጻር ሲለካ በቅደም ተከተል E_1 ወይም H_1 ብለን ብንሰይመው ፤ ከላይ የተሰጠውን ዝምድና በመጠቀም የሚከተለውን እናገኛለን።

$$E_0 = E_1 + \frac{1}{2}L + \frac{1}{2}L$$

$$H_0$$

$$= H_1 + \frac{1}{2}L\frac{1 - \frac{v}{c}\cos\phi}{\sqrt{1 - v^2/c^2}} \qquad (112)$$

$$+ \frac{1}{2}L\frac{1 + \frac{v}{c}\cos\phi}{\sqrt{1 - v^2/c^2}}$$

ከላይ የተሰጡትን በማቀናነስ የሚከተለውን እናገኛለን።

$$H_0 - E_0 - (H_1 - E_1)$$

$$= L\left(\frac{1}{\sqrt{1 - v^2/c^2}} - 1\right) \qquad (113)$$

በቀቄ. (113) ውስጥ ያሉት ሁለቱ $YH - E$ ተቀናናሾች ፊዚካዊ እርባና አላቸው። H እና E የአካሉ የኃይል እሴቶች አንዱ ከአንዱ አንጻር በሚገንቀሳቀሱ ሁለት የቅንብር ሥርዓቶች ሲታይ ነው። አካሉ ከሁለቱ በአንዱ የቅንብር ሥርዓት ነብሬ ነው። በመሆኑም $YH - E$ ልዩነት

(difference) ከአካሉ ኃይለ እንቅስቃሴ ከሌላው የቅንብር ሥርዓት አንጻር (x, y, z) የሚለየው በH እና E ኃይላት ላይ በተጨመሩ አይለወጤ መጠኖች ላይ የሚወሰን የሆነ፤ በአይለወጤ መጠን (እንበልና C) ነው። C በቁስ አካሉ የብርሃን ጨረር መፈንጠቅ ስለማይለዋወጥ ፤ እንደሚከተለው ልንጽፍ እንችላለን።

$$H_0 - E_0 = K_0 + C$$
$$H_1 - E_1 = K_1 + C \qquad (114)$$

ስለዚህም የሚከተለው ቀመር ይኖረናል።

$$K_0 - K_1 = L\left(\frac{1}{\sqrt{1 - v^2/c^2}} - 1\right) \qquad (115)$$

ቁስ አካሉ ብርሃን በመፈንጠቁ ምክንያት፤ ከ(ξ, η, ζ) የቅንብር ሥርዓት አንጻር ኃይለ እንቅስቃሴው ይቀንሳል። ይህ የኃይል መቀነስ ፤ በቁስ አካሉ ባሕርያት የሚወሰን አይደለም። በተጨማሪም የH − E ልዩነት ፤ ልክ እንደ ኤሌክትሮን ኃይለ እንቅስቃሴ በቁሱ ቶሎታ ላይ የተመሠረተ ነው። አራት እና ከዚያ በላይ ሃይል ያላቸውን ዝርዝር አባለ ቀመሮችን በመተው ፤ እንደሚከተለው ልናስቀምጥ እንችላለን።

$$K_0 - K_1 = \frac{1}{2}L\left(\frac{v}{c}\right)^2 \qquad (116)$$

ከዚህ እኩልዮሽ በቀጥታ እንደዚህ ይከተላል፤ አንድ ቁስ አካል L ያህል ኃይል በጨረራ መልኩ ቢለቅ ፣ የቁስ አካሉ መጠነ-ቁስ በ $\dfrac{L}{c^2}$ ይቀንሳል።

ከቁሱ የተለቀቀው ኃይል የጨረራ ኃይል መሆኑ በእርግጥ ወደሚከተለው መደምደሚያ ከመምራት የተለየ አይደለም። መጠነ-ቁስ [የቁስ አካሉ] የኃይል ይዘት ልኬት ነው ፣ ኃይል በኤርግ[33] ቢለካ እና መጠነ-ቁስ በግራም ቢለካ ፣ ኃይሉ በ L ያህል ቢለወጥ ፣ መጠነቁሱም በተመሳሳይ ስሜት (the same sense) በ $L/9x10^{20}$ ይለወጣል ።

ይህን ንድፈ ሐሳብ ፣ የኃይል ይዘታቸው አሽቀሻቂ በሆነ ቁስ አካላት (ለምሳሌ የራዲየም ጨው) ፣ ማረጋገጥ የማይቻል ነገር አይደለም። ንድፈ ሐሳቡ ከተረጋገጠ ፣ ጨረራ በአስወጭዉ እና በመጣጪ አካላት መካከል ፍዘተ-ቁስን (inertia) ያንጉዛል ማለት ነው።≫

---

³³ ኤርግ አንዱ የኃይል አሃድ ነው። የጁል አንድ አስር ሚሊዮንኛ መጠን አለው። መነሻዉ የሳንቲሜትር ግራም ሰከንድ አሃዳዊ ሥርዓት ነው።

ዋቢ መጻሕፍት

[1] al-Haytham, Ḥ. I. (1989). Kitāb al-Manāẓir (كتاب المناظر, the book of optics) translated by SABRA.

[2] Assis, A. K., & Chaib, J. P. (2015). Ampère's Electrodynamics- Analysis of the Meaning and Evolution of Ampère's Force between Current Elements, together with a Complete Translation of his Masterpiece: Theory of Electrodynamic Phenomena, Uniquely Deduced from Experience. Montreal, Quebec H2W 2B2 Canada: C: Roy Keys Inc.

[3] Biot, J., & Savart, F. (1820). Note on the magnetism of the Volta stack. Annales de chemie et de physique.

[4] Boyle, R. (1772). The Works of the Honourable Robert Boyle (2. utg., Vol. 6). (T. Birch, Red.) London.

[5] Brumbaugh, R. S. (1964). The Philosophers of Greece. New York: Crowell.

[6] Chaffin, E. (1990). A Study of Roemer's Method for Determining the Velocity of Light . Proceedings of the International Conference on Creationism, 2, 47-52.

[7] Corradi, M. (2016). A short history of the rainbow. Lett Mat Int, 4, 49–57.

[8] Dalton, J., Wollaston, W., & Thomson, T. (1893). Foundations of the Atomic Theory.

[9] de Wreede, L. (1974). Willebrord Snellius (1580-1626)- a Humanist Reshaping the Mathematical Sciences.

[10] Dika, T. R. (2023). Descartes' Method. (E. N. Nodelman, Red.) The Stanford Encyclopedia of Philosophy (Spring 2023 Edition). Hentet fra https://plato.stanford.edu/archives/spr2023/entries/descartes-method/

[11] Dyer, A. G., Howard, S. R., & Garcia, J. (2016). Through the Eyes of a Bee: Seeing the World as a Whole. Animal Studies Journal, 97-109.

[12] Einstein, A. (1905a). The Photoelectric Effect. Annalen der Physik.

[13] Einstein, A. (1905b). On the electrodynamics of moving bodies. Annalen der Physik, 17(891).

[14] Encyclopedia.com. (2023, November 16). "Shen Kua". Hentet fra Encyclopedia.com: https://www.encyclopedia.com/science/dictionaries-thesauruses-pictures-and-press-releases/shen-kua

[15] Euclid. (1945). The optics of euclid. Trans. by Burton, H. E. Journal of the optical society, 35, 357-372.

[16] Falconer, I. (2004). Charles Augustin Coulomb and the fundamental law of electrostatics. Metrologia, 41, S107–S114.

[17] Faraday, M. (1831). Faraday's notebooks: Electromagnetic Induction. The Royal Institution of Great Britain.

[18] Feynman, R. (1963). The Feynman Lectures on Physics, Volume I.

[19] Fizau, M. (1860). On the Effect of the Motion of a Body upon the Velocity with which it is traversed by Light. Philosophical Magazine, Series 4,, 19, 245-260. Hentet fra https://en.wikisource.org/wiki/On_the_Effect_of_the_Motion_of_a_Body_upon_the_Velocity_with_which_it_is_traversed_by_Light

[20] Groves, L. (1985). Manhatten: The army and the atomic bomb. Washington, D.C.: U.S. Army Center of Military History.

[21] Hart, I. B. (1923). Makers of Science. London: Oxford University Press. Hentet fra https://archive.org/details/makersofsciencem00hart/page/248/mode/2up?ref=ol&view=theater

[22] Heath, T. L. (1911). Hero of Alexandria. Encyclopædia Britannica, 13(11), 378–379.

[23] Horridge, A. (2015). How bees distinguish colors. Dove press journal, 7, 17-34.

[24] http://www.alessandrovolta.info/life_and_works_8.html. (21, February 2015). Hentet December 31, 2023

[25] Huygens, C. (1690). A Treatise on Light. Leyden.

[26] Jourdain, P. E. (1915). NEWTON'S HYPOTHESES OF ETHER AND OF GRAVITATION FROM 1672 TO 1679. The Monist, 25(1), 79-106.

[27] Kepler, J. (1604). Optics. Santa Fe. New Mexico: Green Lion Press. 2000. Donahue, W.H. (translator).

[28] Lanczos, C. (1970). The variational principles of mechanics (4. utg.). New York: Dover Publications, Inc. .

[29] Lorentz, H. (1904). Electromagnetic phenomena in a system moving with any velocity smaller than that of light. Proceedings of the Royal Netherlands Academy of Arts and Sciences, 6, 809–831.

[30] Macrakis, K. (1993). Surviving the Swastika: Scientific Research in Nazi Germany. Oxford University Press.

[31] Maxwell, J. (1861). The London, Edinburgh and Dublin Philosophical Megazine and Journal of Science, 4.

[32] Michelson, A., & Morley, E. (1887). On the Relative Motion of the Earth and the Luminiferous Ether. American Journal of Science, 34(203), 333–345.

[33] Newton, I. (1730). Opticks or A Treatise of the Reflections, Refractions, Inflections & Colours of Light.

[34] Niven, W. D. (1890). The scientific papers of James Cleark Maxwell. DOVER PUBLICATIONS, INC., NEW YORK.

[35] Nussenzveig, H. M. (1977). The Theory of the Rainbow. SCIENTIFIC AMERICAN, INC, 116-128.

[36] Peacock, G. (1855). Miscellaneous works of the late Thomas Young. London.

[37] Philosophical Transactions. (1751-1752). A Letter of Benjamin Franklin, Esq; to Mr. Peter Collinson, F. R. S. concerning an Electrical Kite. Phil. Trans., 47, 565–567.

[38] Showman, A. P., & Malhotra, R. (1999). The Galilean Satellites. Science, 286.

[39] Smith, A. (1996). Ptolemy's Theory of Visual Perception. Independence square, Philadelphia: The Americal Philosophical Society.

[40] Smith, A. (1999). Ptolemy and the Foundations of Ancient Mathematical Optics,. American Philosophical Society.

[41] Smith, R. (2008). Optical reflection and mechanical rebound: the shift from analogy to axiomatization in the seventeenth century. Part 1. British Society for the History of Science. doi:10.1017/S0007087407000362

[42] Thomson. (1898). Michael Faraday-his life and work. CASSELL AND COMPANY Limited, London, Paris, New York, Melbourne.

[43] Wade, N. J. (2021). The vision of Helmholtz. Journal of the History of the Neurosciences, 30(4), 405-424. doi:10.1080/0964704X.2021.1904182

[44] Willough, C. E., Ponzin, D., Ferrari, S., Lobo, A., Landau, K., & Omidi, Y. (2010). Anatomy and physiology of the human eye: effects of mucopolysaccharidoses disease on structure and function – a review. Clinical and Experimental Ophthalmology, 38, 2-11. doi:10.1111/j.1442-9071.2010.02363.x

[45] www.physics.harvard.edu. (u.d.). Hentet fra https://www.physics.harvard.edu/files/sol81.pdf

[46] Young, T. (1801). On the theory of light and colours. The bakerian lecture, 12/49.

[47] ሐውኪንግ, ስ. (፲፱፻፹፯). The brief history of time.

[48] ሐውኪንግ, ስ. (፳፻፪). Standing on the shoulder of giants.

[49] መፅሐፈ አክሲማሮስ-ዘዕድስቱ ዕለታት. (፲፱፻፺ ዓትም). ባሕር ዳር: አዘጋጅ እና አሳታሚ አባ ሰናይ ምስክር።

[50] ሪቻርድ, ፈ. (፳፻፲፫). A Modern Almagest.

[51] በጦለሚ, ክ. (1984). Almagest. J.G. Toomer እንደተረጎመው. ሎንድን.

[52] ኒውተን, ይ. (፲፮፻፹፯). Philosophiæ naturalis principia mathematica.

[53] አሪስጣጣሊስ. (384–322 ዓዓ ፤ ፲፱፻፹፬ ዓም የታተመ). The Complete Works of Aristotle, Princeton. NJ: Princeton University Press.

[54] አንስታይን, አ. (፲፱፻፭). ON THE ELECTRODYNAMICS OF MOVING BODIES. Annalen der Physik, 891-921.

[55] አንተነህ ብሩ, ፀ. (2024a). ሥነቁጥር ወ ሥነሥፍራ ዘዩክሊዲ.

[56] አንተነህ ብሩ, ፀ. (2024b). የቅምሮች እና የቀስቶ ሥፍሮች ሥነ-ስሌት.

[57] አንተነህ ብሩ, ፀ. (2024c). ኔውተናዊ ሥነ-እንቅስቃሴ.

[58] ከፍሌ, ኪ. (፰ ወ ፩ ዓመተ መንግሥቱ ለቀዳማዊ ኃይለ ሥላሴ ንጉሠ ነግሥት ዘኢትዮጵያ). መጽሐፈ ስዋስው ወግስ ፤ ወመዝገበ ቃላት ሐዲስ.

[59] ጋሊሊዮ, ጋ. (1632). Dialogue Concerning the Two Chief World Systems. I ሐ. ስቴፈን, On the Shoulder of Giants.

#

የጸሐፊው መልዕክት

ውድ አንባቢ ፤ እነሆ የብርሃን የእንቅስቃሴ መብርሄመግነጢሳዊ ሞገድነት እና ሥነበሲራዊ ባሕርይ ፤ የአንስታይን የወጥ አንጻራዊ ሥነእንቅስቃሴ ንድፈ ሐሳብ ሒሳባዊ ብልጸጋ ባጭሩ ቀርበዋል። ይህ የዘመናዊ ፊዚካ አሐዱ ነው። የመጽሐፉ ዐላማ በዋነኛት የዘርፉን ዕውቀት በአማርኛ ለመጻፍ እንደ አብነት እንዲሆን እና ለዘርፉ የሚመቹ ቃላትን ማቅረብ ነው። ይዘቱን በሠፈው መዳሰሥን በዘርፉ ለሰለጠኑ ኢትዮጵያውያን አደራ እያልኩ የሚከተለውን መልዕክት ለማስተላለፍ እወዳለሁ።

- <u>ለታዳጊዎች</u>። ዘመናዊ ፊዚካ ለብዙ የሥነዘዴ ብልጸጋዎች አንቀሳቃሽ ሞተር ነው። ዓለምን የምንረዳበትን ዕይታም የቀየረ ነው። ነገር ግን እንደማንኛውም ንድፈ ሐሳብ የመጨረሻው እውነት እንዳልሆነ ይታወቃል። በጥልቀት መርምሩት። ምናልባት የሚቀጥለውን እንቆቅልሽ የመፍታቱ ፈንታ የናንተ ሊሆን ይችላል።

- <u>ለቋንቋ ምሁራን</u>። በዚች መጽሐፍ ውስጥ የተካተቱት ቃላት ይዘታቸው ለተደራሲው ዐይነ ጎሊና ክሱት እንዲሆን የተመረጡ ናቸው። በጊዜ መጣበብ ምክንያት የቃላት መፍቻ አላዘጋጀሁም። ይኸን ለማዘጋጀት ፍላጎቱ እና ጊዜው ቢኖራችሁ አብራያችሁ ለመሥራት ሙሉ ፈቃደኛ ነኝ።

ለአስተማሪዎች እና የፈዚካ ምሁራን፦ ይች መጽሐፍ በፈታችሁ ከተንጣለለው የዘመናዊ ፈዚካ ዕውቀት እጅግ ትንሹን የያዘች ናት። እናንተ አብዝታችሁ እንድትሠሩበት አደራ እላለሁ። የምታስተምሯቸውን ተማሪዎች ስለይዘቱ በአማርኛ ቋንቋ ብትገልጹላቸው ለመገንዘብ ይቀላቸዋል።

- የትምህርት ይዘት ቀረጻን የምታከናውኑ ባለሞያዎች፦ የተለያዩ የትምህርት ዘርፎችን በተለይም በዝቅተኛ የትምህርት ደረጃዎች በሀገራችን ቋንቋዎች ለመስጠት የታሰበ መልካም ሐሳብ አለ። ነገር ግን የማስተማሪያ መጽሐፍት ሲዘጋጁ በውል ስለማይታሰብባቸው የሚመረጡት ቃላት በተማሪው ሐሳብ ውስጥ ፍሬ ያለው ነገር አይዘም። ከማስተማሪያ መጽሐፍት ዝግጅት አስቀድሞ በተለያዩ ዘርፎች ያሉ ምሁራን በየዘርፋቸው ያለን ዕውቀት በአማርኛ እንዲተረጉሙ መወጠር እና ከነዚያ ውስጥ ምቹ የሆኑ ቃላትን በመምረጥ ለማስተማሪያ መጽሐፍት እና ለቃላት መፍቻ መጽሐፍት ዝግጅት እንዲውሉ ማድረግ ይቻላል።

- ለሀገራችን ምሁራን፦ በዘመናዊ እስከ ሦስተኛ መዓርግ የደረሳችሁ ፤ የመመረቂያ ጽሑፎችን ፤ የምርምር ሥራዎችን ያሳተማችሁ ብዙ አላችሁ። ከሥራዎቻችሁ የተወሰኑትን እየመረጣችሁ ወደ አማርኛ ቋንቋ ብትተረጉሚቸው ለሀገራችን የትምሕርትና የሥነዘዴ እድገት አስተዋጽአ ታዳርጋላችሁ።

- ሳይንሳዊ ዕውቀትን ለምትተረጉሙ ጸሐፍት፦ በሪሳችሁ ተነሳሽነት ይኸን ሥራ የምትሠሩ ጸሐፍት

ልትመስገኑ ይገባል። አንዲት ነገርን ማለት ግን እፈልጋለሁ ፤ የምትጽፉትን ከሥረመሰረቱ መርምሩ። ቢቻላችሁ ከትርጉም ትርጉም ሳይሆን የዕውቀቱን አመንጭዎች ሥራ መርምሩ። የአንስታይንን ከአንስታይን ፤ የኒውተንን ከኒውተን። ጽሑፋችሁ አጋኖ ባይበዛው ይመረጣል። በውል ያልመረመራችሁትን በይሆናል ፤ ወይም ተጽፎ ስላገኛችሁት ብቻ ለተደራሲያቾችሁ አታቅርቡ።

- <u>ለቤተክርስቲያን ሊቃውንት</u>። የሀገራችን ትምህርት ለዘመናት የቆመው ቀደምት አባቶቻችን ባቆሙት የቤተክርስቲያን ትምህርት ነው። በቁንቁ ፤ በዜማ ፤ በሃይኖታዊ ትምሕርቱ ላይ የሒሳብ ፤ የቅመማ ፤ የሥነፈለክ ፤ የታሪክ ፤ የፍልስፍና እና የሥነሕንጻ ወንበሮች ተጨምረው (ካሉም ተጠናክረው) ቢቀጥል ፤ ከአስኳላ ትምህርት በእጅጉ በበለጠ ለሀገራችን ችግሮች መፍትሔዎች ያስገኛል የሚል እምነት አለኝ።